살아있는 과학 교과서 **2**

살아있는 과학 교과서

과학 Science

교과서

2 과학과 우리의 삶

홍 준 의

최 후 남

고 현 덕

김 태 일

Humanist

낱낱의 지식을 넘어 과학적 이해력으로

과학은 왜 배울까?

우리가 경험할 수 있는 가장 아름다운 것은 신비함이다.
신비함이야말로 모든 진실한 예술과 과학의 근원이다.
_알베르트 아인슈타인

"엄마, 과학자가 되고 싶어요!" 초등 학생 시절, 이렇게 과학에 대한 호기심과 재미에 푹 빠져 있던 아이들도 중학생만 되면 골치 아픈 과목으로 과학을 꼽는다. "물리·화학·생물·지구과학. 생각만 해도 머리 아파요." 수업 시간에 '도대체 과학은 왜 배우는 건가요?' 하는 눈빛을 보내는 학생들을 보면서 과학 교사인 우리는 거꾸로 이런 질문을 되풀이해 왔다. '왜 이 아이들에게는 과학이 신비하지도, 즐겁지도, 아름답지도 않은 걸까?'

《살아있는 과학 교과서》의 기획과 집필은 이처럼 학교 현장에서 학생들과 교사가 던지는 상반된, 원초적인 질문에서 출발하였다. 많은 학생들이 과학에 재미를 붙이지 못하고 어려워하는 이유는 크게 두 가지였다. 첫째, 아이들은 과학 과목에 복잡한 실험과 계산, 골치 아픈 이론이 가득하다고 여긴다. 둘째, 아이들은 과학 시간에 배우는 내용이 자신의 삶에 어떤 의미가 있고 어떻게 쓰이는지를 잘 이해하지 못한다.

따라서 우리의 화두도 크게 두 가지로 모아졌다. 첫째, 과학의 개념과 원리를 익히고 과학적으로 사고하는 즐거움을 맛보게 할 수 있는 방법은 무엇일까? 둘째, 과학이 인간의 삶과 밀접한 연관을 맺으며 발전해 왔고, 특히 오늘날에는 과학과 생활이 떼려야 뗄 수 없는 관계에 있다는 걸 느끼게 할 수 있는 방법은 무엇일까? 고민과 논의를 거듭한 끝에 우리가 찾은 대안은 '통합 과학'이었다. 통합 과학이란, 한 가지 과학적 주제에 대해 물리학·화학·생물학·지구과학의 통합적 시각으로 접근하는 것을 말한다.

―――――

왜 통합 과학인가?

우리가 살고 있는 우주는 별의 중심부에서 원자들이 만들어지는 곳이다.
또한 1초에 수천 개의 태양과 같은 별들이 태어나고,
태어난 지 얼마 되지 않은 행성의 대기와 바다에서,
햇빛과 번개에 의해 불꽃처럼 생명이 탄생하는 곳이다.
_칼 세이건

태양이 빛과 열을 공급해 주지 않으면 지구의 생물은 살아갈 수 없다. 태양을 구성하는 성분 물질은 가벼운 수소와 헬륨 기체이다. 태양의 수소는 자체의 중력에 의해 수축하면서 높은 밀도로 압축되고, 마침내 중심부에서부터 수소 핵융합 반응이 일어난다. 이 때 생겨나는 엄청난 에너지 때문에 태양이 빛을 내고, 우리는 그 덕에 살고 있다. 태양을 비롯한 별들이 핵융합 반응을 거치는 동안 헬륨·탄소·질소·산소·네온·마그네슘·철 같은 원소가 생성되고, 이 물질들은 지구와 모든 생명체를 이루는 기본 성분이 된다.

지구의 지각은 암석으로 되어 있고 암석은 광물이라는 작은 알갱이들로 이루어져 있으며, 광물은 한 종류 이상의 원소로 구성되어 있다. 그리고 지각을 구성하는 물질과 우리가 일상 생활에서 사용하는 물질은 형태가 다를 뿐 성분 원소들은 모두 같다. 심지어 나의 몸을 구성하는 성분도 지각의 구성 원소와 크게 다르지 않다. 우리가 숨쉴 때 꼭 필요한 산소와 암석을 구성하는 산소는 똑같은 것이다.

우리가 배우는 과학은 멀리 우주로부터 지구의 물과 흙, 우리의 몸 그리고 눈에 보이지 않는 자연계의 미세한 물질에 이르기까지 모든 것에 관련되어 있다. 그리고 우리가 살면서 마주치는 과학적 주제는 물리적 현상, 화학적 현상 등 분야별로 나누어서 접근할 수 있는 것이 아니다. 하나의 현상 속에 각 분야가 유기적인 관계를 맺고 복잡하게 얽혀 있는 것이다. 예를 들어 힘과 운동은 물리학만의 주제가 아니라 생물학의 주제이기도 하며, 화학 변화는 생물학의 주제이면서 지구과학의 주제이기도 하다.

통합 과학은 과목별로 분절된 지식을 암기하는 것을 넘어서서 과학적 현상과 주제를 종합적으로 이해하려는 접근법이다. 우리는 이 방법이 과학과 삶의 관계를 온전히 이해하고, 과학의 기본 원리를 종합적으로 파악하며, 진정한 과학적 사고력을 키우는 길이라고 생각한다.

———

우리는 모두 과학자이다

질문을 멈추지 않는 것이 가장 중요하다.
…… 매일 이 불가사의한 세계에 대해
조금이라도 이해하려고 노력하는 걸로 충분하다.
결코 신성한 호기심을 잃어서는 안 된다.
_알베르트 아인슈타인

저녁 식사를 마친 아버지가 여섯 살배기 딸아이의 손을 잡고 공원으로 산책을 나간다. 딸이 손가락으로 하늘을 가리키며 묻는다.

"어? 아빠 저 달 좀 보세요. 전에는 공처럼 동그랬는데 오늘은 반쪽이 되었어요. 누가 달을 반으로 잘랐나요? 아플 텐데……."

사랑스런 눈으로 아이의 초롱초롱한 눈빛을 바라보던 아버지는 딸아이를 덥석 안아 올려서 이야기를 시작한다.

"달은 매일 조금씩 모양이 바뀐단다. 왜 그러냐면 말이야……."

이 순진한 꼬마는 이미 과학적 탐구를 하고 있다. 주변에서 일어나는 자연 현상에 대해 '왜?'라는 질문을 던지고 그 해답을 찾기 위해 생각하는 과정이 바로 과학이다. 그냥 그러려니 하고 지나치는 것이 아니라 '바람은 왜 불까?', '구름은 왜 생길까?', '설탕은 왜 물에 녹을까?' 하는 질문을 던질 때, 과학적 탐구가 시작된다.

누구나 어린아이일 때 곧잘 이런 과학적 질문을 던졌을 것이다. 그러나 학년이 올라가면서 점차 과학에 대한 호기심과 흥미를 살리기보다는 시험을 통과하는 데 필요한 세세한 지식의 조각을 외는 데 열중하게 되는 게 현실이다. 이렇게 과학적 호기심과 질문이 점점 사라지면서 자연 세계와의 연결 고리는 시험과 사회의 기대라는 숲에 파묻혀 버리고 만다.

우리가 과학을 배우는 목적은 단순히 낱낱의 지식을 머릿속에 가득 채우기 위해서가 아니라, 관찰력·탐구력·합리적 판단력 같은 과학적 사고 능력을 익히기 위해서이다. 과학적으로 생각하는 사람은 외부 세계뿐만 아니라 자기의 내면 세계를 탐구하고 이해할 수 있는 힘을 기를 수 있다. 여러분이 이 새로운 교과서를 통해 호기심에서 비롯된 질문을 던지고 그 문제를 과학적으로 사고하는 과정을 거치는 동안, 과학이 복잡한 이론 체계이기 이전에 우리의 삶 속에 녹아 있는 것임을 확인할 수 있을 것이다.

과학은 21세기 청소년의 필수 교양이다

과학자라는 직업에는 시민이 일반적인 의무에 대해
지는 책임 외에 특수한 책임이 따른다. ……
특히 과학자는 대중이 가까이하기 어려운 지식을 갖고 있거나,
그것을 쉽게 습득할 수 있기 때문에
그런 지식이 잘 쓰이도록 하는 데 전력을 다해야 한다.
_세계과학자연맹의 〈과학자 헌장〉

우리의 일상 생활은 온통 과학으로 둘러싸여 있다. 간단한 예를 하나만 들어 보자. '에어컨은 왜 벽면 위쪽에 설치하는 것일까?' 에어컨은 찬 공기를 만들

어 낸다. 에어컨에서 나온 찬 공기는 주변의 공기보다 무겁다. 따라서 아래쪽으로 이동하면서 상대적으로 더운 공기를 위쪽으로 밀어 올린다. 곧, 공기의 대류 현상을 통해 실내 온도를 낮추는 것이다. 가정·학교·거리 그 어느 곳에든 과학은 우리 삶의 곳곳에 스며들어 있다. 생활이 곧 과학인 셈이다.

더욱이 오늘날 과학은 사회·정치·경제·문화 등 우리의 삶 전체를 좌우하는 엄청난 힘을 가지게 되었고, 과학자는 환경 문제·생명 문제·핵 문제 등 인류의 생존과 직결되는 일을 다루고 있다. 과학 연구가 그 어느 때보다도 일상 생활에 결정적인 영향을 미치고 있는 것이다. 예를 들어, 유전자에 대한 새로운 지식과 인체에 나노 칩을 집어 넣어 활용하는 기술은 우리 몸의 건강과 기능을 회복할 수 있는 새로운 길을 열어 줄 것이다. 하지만 이 같은 과학의 성과가 자칫하면 인류 전체를 재앙으로 몰아넣을 수 있는 파괴력을 갖춘 것도 사실이다.

따라서 21세기의 시민은 자신과 인류의 삶 자체를 좌우하는 과학의 영역을 더 이상 전문가들의 손에만 맡겨 둘 수 없게 되었다. 스스로 풍부한 과학적 소양과 안목을 갖추고, 과학의 문제에 대한 윤리적 판단력을 가져야 한다. 그리고 과학자들도 자신의 고유 영역에만 매달리는 태도를 벗어남과 동시에 과학자의 사회적 책임을 다할 수 있는 건강한 철학과 교양을 쌓아야 한다. 이것이 21세기의 교양 있는 시민으로, 때로는 전문 과학자로 성장할 청소년들에게 과학이 필수 교양이 되어야 하는 까닭이다.

우리 필자들은 이 책이 교과서이자 참고서로, 또 때로는 한 권의 교양서로 읽히길 바란다.

2006년 3월
홍준의 · 최후남 · 고현덕 · 김태일

● 차 례 ●

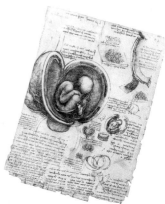

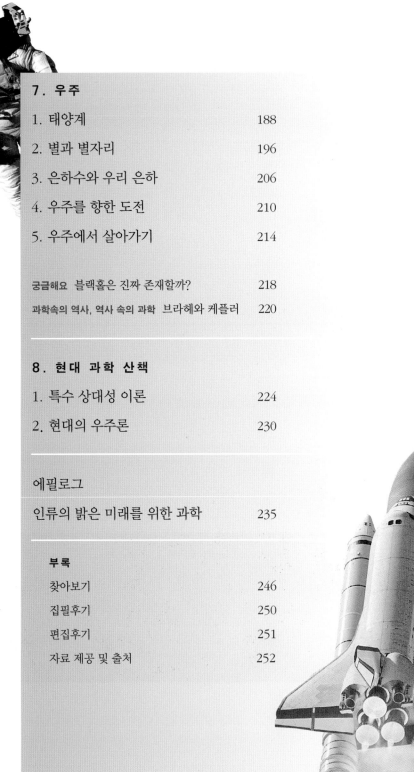

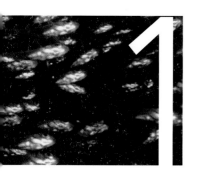

1

생활 속에서 과학하기

생 활 속 에 서 과 학 하 기

"꿈꾸는 것을 배우자. 그렇게 하면 우리는 진리를 발견하게 될 것이다. 그러나 잠에서 깬 마음으로 이해하고 증명하기 전까지는 그 꿈을 공표하지 않도록 주의하자." _아우구스트 케쿨레

유심히 들여다보자

과학의 원리는 우리의 생활 곳곳에 숨어 있다. 평소에 아무런 의심 없이 지나쳤던 일들도 '왜 그럴까?' 하는 의문을 가지고 다시 한 번 유심히 들여다보자. 일상에서 마주치는 여러 현상에 대해 의문을 던지는 것, 그것이 과학적 사고의 출발점이다.

　19세기 중엽의 화학자 케쿨레는 원자가 어떤 모양으로 연결되어 분자를 만드는지를 밝혀냄으로써 세계적인 주목을 받았다. 그런데 그는 오랫동안 고민하던 문제를 푸는 아이디어를 꿈 속에서 얻었다.

　어느 날 밤, 친구와 화학에 관해 대화를 나누다가 마차를 타고 집으로 돌아오던 케쿨레는 깜박 잠이 들었다. 그런데 꿈 속에서 작은 물체들이 나타나 깡총깡총 뛰어다니면서 다양한 원자 결합의 모습을 보여 주는 것이 아닌가.

　이렇게 해서 중요한 분자들의 구조를 알아냈지만, 그에게는 아직도 풀리지 않은 문제들이 많이 남아 있었다. 특히 벤젠이라고 불리는 화합물이 골칫거리였다. 이 문제를 풀려면 24개나 되는 탄소의 결합선과 6개인 수소의 결합선이

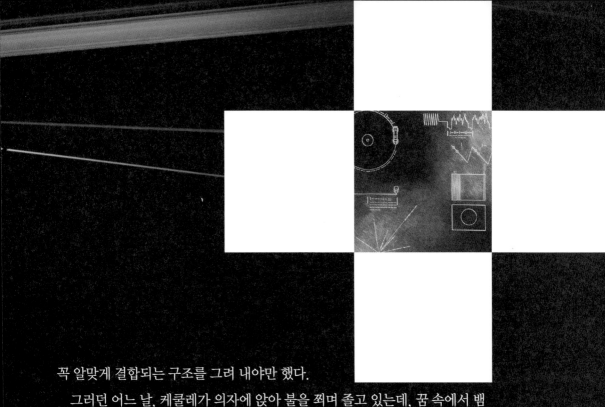

꼭 알맞게 결합되는 구조를 그려 내야만 했다.

그러던 어느 날, 케쿨레가 의자에 앉아 불을 쬐며 졸고 있는데, 꿈 속에서 뱀

연하고 애매하다. 환자는 의학 분야의 아마추어이고 의사는 전문가이다. 아마추어와 전문가의 차이는 어떤 상태에 대하여 막연하고 애매한 의문을 가지는지, 아니면 구체적이고 분명한 의문을 가지는지의 차이라고 할 수 있을 것이다.

한 친구가 '태양은 어째서 뜨거운 불덩이일까?' 라는 의문을 갖고 있다고 해 보자. 이 단계는 아마추어의 의문이다. 무엇이 궁금한지 막연하다. 이 의문을 '태양에서는 무엇이 타고 있을까?', '몇 도의 온도로 타고 있을까?' 등으로 바꾸면 매우 구체적인 질문이 된다. 이렇게 질문을 던지면 '태양은 수소 기체가 핵융합 반응을 일으켜 타고 있기 때문에 고온의 불덩이다.', '태양의 표면 온도는 약 6,000℃ 이다.' 같은 구체적인 답을 얻을 수가 있다.

간단한 것부터 생각하자

공부에도 요령이 있다. 성적이 좋은 학생은 머리가 좋기보다는 공부의 요령을 터득하고 있는 경우가 많다. 그 요령 가운데 하나는 '간단한 것부터 시작한다.' 는 것이다. 예를 들어, 수학 과목에 자신이 없을 때 가장 좋은 방법은 얇고 쉬운 참고서로 시작하는 것이다. 이같이 간단한 것에서 시작해서 어려운 것을 이해해 가는 것이 최선이다.

과학의 발전도 이런 길을 걸어왔다. 갈릴레이는 우주를 지배하는 법칙을 찾으려고 많은 노력을 기울였다. 그는 우선 망원경을 만들어 행성과 태양을 '보는', 실로 간단한 것부터 시작한 것이다. 간단한 것들이 축적된 결과 갈릴레이는 지동설이라는 대법칙을 확인하는 업적을 이루었다. 만약 갈릴레이가 무작정 '우주를 지배하는 법칙은 무엇일까?' 라는 어려운 질문에 골몰하기만 했다면 어떻게 되었을까? 도달한 목표와 처음에 출발한 지점은 다른 것이다.

거대한 역학을 만든 뉴턴 Isaac Newton, 1642~1727 도 마찬가지였다. 천체의 복잡한 운동을 지배하는 법칙을 발견하는 것이 그의 연구 목표였다. 그러나 처음에는 '사과의 낙하' 나 '매끄러운 마루에서 굴러가는 공' 과 같이 물체의 간단한 운동에서 시작되었다. 위대한 과학자들은 모두 '간단한 것에서 복잡한 것으로' 라는 길을 걸었던 것이다.

과학에서 어떤 이론이 옳은지 그른지를 판단하는 방법은 간단하다. 실험이나 관측을 통해서 그것을 확인하면 된다. 이것 이외의 방법은 없다. 어떤 이론이 아무리 그럴듯하게 보이더라도 실제로 그렇지 않으면 아무 소용이 없다. 현상과 일치하는지 아닌지가 과학의 유일한 기준이다.

좋은 예로 갈릴레이가 1590년에 했다는 피사의 사탑 실험을 들 수 있다. 피사의 사탑에서 무거운 물체와 가벼운 물체를 동시에 떨어뜨리는 실험을 한 것이다. 그는 이 실험을 통해 무거운 물체는 가벼운 물체보다 빠르게 낙하한다고 주장한 아리스토텔레스의 생각이 잘못되었음을 밝혔다. 사실을 확인해 보는 간단한 실험 하나로 2,000년 동안이나 인정받았던 그릇된 생각을 바꾼 것이다.

이 실험은 근대에 이르러 더욱 정교하게 이루어졌다. 낙하할 때 생기는 공기 저항을 없애기 위해 진공 유리관 안에서 물체를 떨어뜨리는 실험으로 발전한 것이다. 1969년에 아폴로 11호가 달에 갔을 때는 진공 상태에서 쇠공과 깃털을 떨어뜨리는 실험을 하는 모습이 텔레비전으로 세계에 생중계되기도 하였다. 이 실험의 원조는 400년 전의 갈릴레이였다.

실험은 머리로도 할 수 있다

아인슈타인^{Albert Einstein, 1879~1955}은 과학자에게 필요한 것은 상상력이라고 하였다. 상상력이야말로 인간만이 가진 능력이다. 맛있는 음식이 그려진 그림을 보고 침을 흘리는 개는 없지만, 사람은 실제로 먹고 싶다는 생각을 한다. 이것은 그림을 보고도 실제 음식을 상상할 수 있는 능력이 있기 때문이다. 개에게 그림은 단지 그림일 뿐이다.

아인슈타인은 16세 때 실제로 '빛속도로 움직이면서 거울로 나를 본다면 과연 내 얼굴을 볼 수 있을까?' 라는 상상을 하다가 과학사의 최고 이론으로 평가받는 상대성 이론을 만들어 냈다.

그리스의 철학자 아르키메데스^{Archimedes, B.C. 287 ?~B.C. 212}는 자신에게 적당한 받침점을 준다면 지레를 이용해서 지구라도 들어올리겠다고 말했다. 우주 규모의 웅대한 상상력이라고 할 수 있다. 지레로 지구를 움직이려고 하는 것과 같이 상상의 세계에서 머리로 하는 실험을 '사고 실험' 이라고 한다.

독일의 물리학자 하이젠베르크^{Werner Karl Heisenberg, 1901~1976}가 '불확정성의 원리' 를 끌어낼 때 이용한 '감마선 현미경' 의 사고 실험도 유명하다. 감마선을 이용한 현미경이란 실제로 존재하지 않지만, 마치 있는 것처럼 생각해 보면 불확정성의 원리를 쉽게 이해할 수 있다.

'절대 0도' 라는 개념을 도입한 영국의 켈빈^{Kelvin, 1824~1907}도 사고 실험을 통하여 그런 결론에 도달했을 것이다. 절대 온도의 0도는 -273℃ 이다. 당시의 기술로 온도를 -273℃ 까지 내리는 것은 불가능하였다.

그러나 캘빈은 기체의 부피는 온도가 1℃씩 내려갈 때마다 0℃ 때 부피의 $\frac{1}{273}$ 만큼 감소한다는 사실을 실험으로 확인하고, 온도가 내려가 -273℃가 되면 기체의 부피가 0이 될 것이라고 생각하였다. 기체의 부피가 0보다 작을 수는 없기 때문에 온도는 -273℃보다 낮을 수 없다는 개념을 생각으로써 이끌어 낸 것이다.

생각을 실험으로 옮겨 보자

과학자들은 서로 생각을 말하고 의견을 나누는 과정에서 많은 사람이 납득하는 생각을 과학 이론으로 인정한다. 자기 마음대로 낸 생각은 많은 사람을 납득시킬 수 없다. 물론 처음부터 완벽하게 생각하는 것은 어렵기 때문에 한때 옳다고 생각한 것도 새로운 사실이 발견되면 수정되거나 더욱 설득력 있는 다른 생각으로 바뀔 수 있다.

교실에서 서로 의견을 나눌 때에도 이 점을 기억해 두자. 우선 자신의 경험이나 떠오른 생각, 어디에선가 알게 된 것, 이제까지 배운 것, 관찰한 결과 등 여러 가지 사실을 기초로 해서 자신의 의견(가설)을 가지도록 하자. 그리고 이 가설이 옳은지 그른지를 자연에게 물어 보자. 가설을 가지고 자연에게 물어 보는 과정이 바로 실험이다.

과학적으로 생각한다는 것은 하나의 현상을 여러 각도로 유연하게 생각하는 것을 뜻한다. 실험이나 관찰을 통하여 여러 가지 가능성을 생각해 보자. 또 머리로 생각한 것을 잘 재현하기 위해서는 생각한 대로 움직여 주는 손이 필요하다. 실험을 하고 관찰 사실을 기록함으로써 머리와 함께 손도 움직이도록 하자. 그리고 자신의 생각을 많은 사람이 알기 쉽도록 전달하는 것도 중요하다. 과학 공부를 통해 이 같은 힘을 기르도록 하자.

2 | 소리

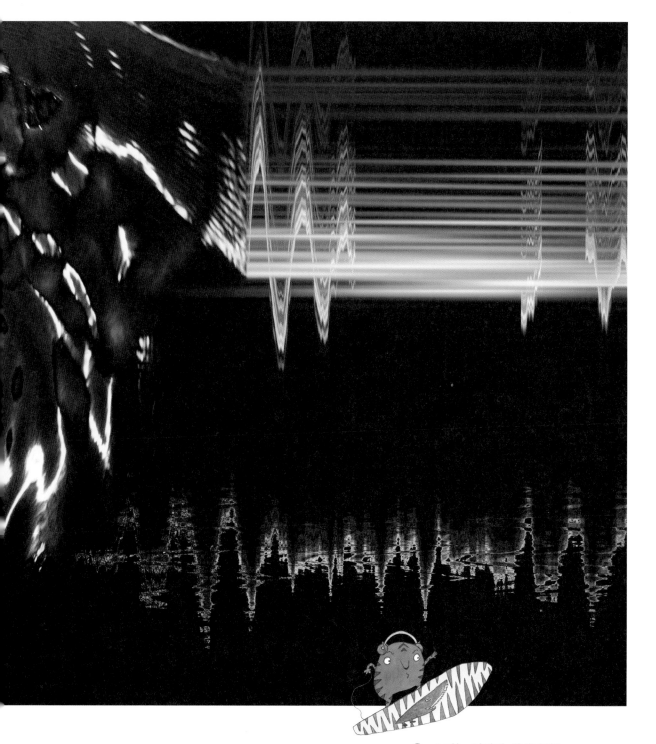

1 | 소리는 어떻게 생겨날까?

자정을 알리는 종소리가 나지 않았다면, 또 만약 신데렐라가 소리를 듣지 못했다면 신데렐라 이야기는 어떻게 달라졌을까? 휴대 전화벨 소리·알람 소리·새 소리·바람 소리 등 우리 주변에는 갖가지 소리들로 넘쳐난다. 이처럼 물체는 자신의 소리를 갖고 있다. 과연 소리는 어떻게 생겨나서 어떻게 전달되는 것일까?

| **소리의 생성** | 기타줄을 튕겨 보면 소리가 나는 것과 동시에 줄이 앞뒤로 떨리는 것을 볼 수 있다. 기타줄을 가만히 튕기면 작은 폭으로 줄이 움직이고, 세게 튕기면 큰 폭으로 움직인다. 이렇게 물체가 떨리는 운동을 '진동'이라고 한다.

기타줄처럼 물체가 진동할 때 소리가 생겨난다. 낮고 굵은 목소리로 "아~" 하고 소리를 내면서 손가락을 목에 대 보라. 성대가 가볍게 떨리는 것을 느낄 수 있다. 종을 치면 종이 진동하면서 소리가 나고, 매미의 수컷은 뱃속에 있는 발음 기관으로 빈 뱃속을 울려서 우렁찬 울음소리를 낸다.

그렇다면 성대의 진동으로 생겨난 "아~" 하는 소리는 어떻게 귀까지 전달되는 것일까? 낮은 소리를 내면서 입 가까이에 종이를 대 보면 종이가 가볍게 진동하는 것을 느낄 수 있다. 내 목과 종이 사이에 있는 것은 바로 공기다. 여기서 우리는 목의 진동을 종이에 전달하는 것이 공기임을 알 수 있다. 공기와 같이 소리를 전달하는 물질을 '매질'이라고 한다.

| **매질, 소리를 전달하는 물질** | 소리가 공기를 통해 전달되는 모습을 본 사람은 없을 것이다. 용수철을 이용하

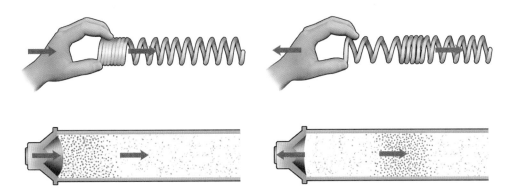

소리의 전달 스피커의 진동판이 움직임에 따라 관 안에 들어 있는 공기 입자들이 스피커와 같은 주기로 진동한다.
이에 따라 공기에 밀한 부분과 소한 부분이 생기면서 소리가 전달된다.

여 실험해 보면, 소리 에너지가 매질 속에서 전달되는 과정을 쉽게 이해
할 수 있다. 용수철을 잡아당겼다가 놓으면 그 에너지가 한 코일에서 다
른 코일로 전달된다. 진동하는 각각의 코일이 옆의 코일을 밀기 때문이
다. 이것은 소리 에너지가 공기를 통해 전달될 때 공기 입자가 앞뒤로 움
직이는 것과 비슷하다.

공기 중에서 소리가 전달될 때 공기 입자들은 진동을 한다. 소리는 공
기 입자들이 모였다가 흩어지는 모양이 주기적으로 반복되면서 퍼져 나
간다. 이 때 큰 에너지를 가진 소리는 공기가 크게 압축되므로 빽빽한 부
분의 밀도는 높아진다. 또 작은 에너지를 가진 소리는 공기가 작게 압축
되므로 빽빽한 부분의 밀도가 상대적으로 낮아진다.

시냇가에서 물 가까이에 귀를 대면 물 속 저편에서 친구가 조약돌을
딱딱 부딪치는 소리가 아주 선명하게 들린다. 이것은 물도 공기와 마찬
가지로 물체의 진동을 전달할 수 있기 때문이다. 싱크로나이즈드 스위
밍 선수가 음악에 맞추어 아름다운 연기를 할 수 있는 것은 수중용 스피
커를 통해 물 속에서도 음악을 들을 수 있기 때문이다.

소리는 공기나 물 같은 물질을 통해 전달된다. 친구가 하는 말은 공기
를 통해 전달되고, 문에 귀를 대면 건너편에서 나는 소리를 들을 수 있
다. 또한 돌고래는 물 속에서 소리를 보내어 의사 소통을 한다. 그러면

싱크로나이즈드 스위밍
소리는 공기뿐 아니라 물에서도
전달된다. 소리의 속력은
공기〈 물〈 금속(고체)순으로 빨라진다.

공기가 없는 달에서는 말로 의사 소통을 할 수 있을까? 물론 불가능하다. 소리는 매질이 없는 진공 속에서는 전파될 수 없기 때문이다.

| 소리의 속도 | 장대비가 내리는 장마철, 번쩍 하고 번개가 치면 잠시 후 '쿠르릉' 하는 천둥소리가 들린다. 사실 번갯불과 천둥소리는 동시에 생겨난 것이다. 그럼에도 빛이 번쩍인 뒤에 소리가 들리는 것은 빛과 소리의 속도가 서로 다르기 때문이다.

공기 중에서 소리의 속도는 약 초속 340m이고, 빛속도는 초속 3억 m나 된다. 빛속도가 소리의 속도보다 약 90만 배 빠르다. 예를 들어 번개가 치고 5초 뒤에 천둥소리가 들렸다고 해 보자. 빛은 번개가 치는 것과 거의 동시에 내 눈에까지 도착하므로 벼락이 친 곳까지의 거리는 340m/s × 5초, 즉 1,700m 떨어진 곳임을 알 수 있다.

육상 경기에서 출발을 알리는 신호는 매우 중요하다. 예를 들어 100m 달리기를 할 때 안쪽 레인에서 총을 쏘아 신호를 보낸다면, 바깥쪽 레인에

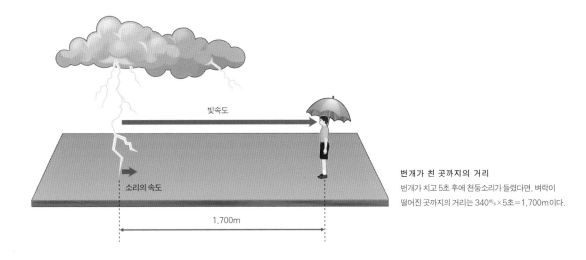

빛속도

소리의 속도

1,700m

번개가 친 곳까지의 거리
번개가 치고 5초 후에 천둥소리가 들렸다면, 벼락이
떨어진 곳까지의 거리는 340㎧×5초＝1,700m이다.

있는 사람은 총소리가 전달되는 데 걸리는 시간 때문에 0.01초 이상의 손해를 본다. 그래서 달리기 경주를 할 때 총을 쏘는 것은 관례에 따른 것일 뿐, 실제 출발 신호는 선수들의 뒤쪽에 있는 스피커로 내보낸다.

│ **매질에 따라 달라지는 소리의 속도** │ 오케스트라의 연주를 들을 때 트럼펫 소리가 먼저 들리고 북소리가 나중에 들리는 일은 없다. 모든 악기의 소리는 동시에 들린다. 악기들에서 나온 소리가 공기라는 같은 매질을 통해 전달되기 때문이다. 소리가 퍼져 나가는 속도는 소리를 내는 물체와는 관계가 없고, 소리를 전달하는 매질에 따라 달라진다. 소리가 전달되는 속도에 영향을 미치는 요소로는 매질의 탄성·온도· 밀도가 있다.

소리는 탄성체 속에서 빠르게 전달된다. 탄성체란 외부에서 힘을 가하면 모양이 변했다가 그 힘이 없어지면 바로 본래의 모양으로 되돌아가는 성질을 지닌 물체를 말한다. 즉, 형태가 변형되었을 때 분자들이 원래 자리로 빠르게 되돌아가는 물체라고 할 수 있다. 철이나 니켈 같은 금속은 강한 탄성체이므로 소리를 매우 잘 전달한다. 대부분의 액체는 탄성이 크지 않기 때문에 고체에 비해 소리를 잘 전달하지 못한다. 더욱이 기체는 탄성이 거의 없기 때문에 소리를 잘 전달하는 물질이 아니다. 물 속에서 소리는 공기 중에서보다 약 4배 빠르고, 강철 속에서는 공기 중에서보다

다양한 매질에서 소리의 속력

기체	
매질	속력(m/s)
수소(0℃)	1,286
헬륨(0℃)	972
공기(20℃)	344
공기(0℃)	331
액체 25℃	
매질	속력(m/s)
바닷물	1,533
물	1,493
수은	1,450
메탄올	1,143
고체	
매질	속력(m/s)
다이아몬드	12,000
철	5,130
알루미늄	5,100
구리	3,560
금	3,240
납	1,322
고무	1,600

약 15배 빠르다. 그리고 같은 기체라도 종류에 따라 소리의 속도가 달라진다. 예를 들어 헬륨 속에서 소리의 속도는 공기 중에서보다 빠르다.

소리는 금속이나 나무처럼 밀도가 높은 물질 속에서 잘 전달되는데, 이는 분자들 사이의 거리가 가깝기 때문이다. 공기의 밀도도 소리의 속도에 영향을 준다. 예를 들어 해수면과 산꼭대기 중 공기의 밀도가 높은 곳은 어디일까? 해수면의 공기는 위쪽의 공기가 내리누르는 압력 때문에 밀도가 높고, 고도가 높은 곳에는 공기 분자들이 적게 분포해 있으므로 밀도가 낮다. 따라서 해수면에서는 산꼭대기보다 소리가 잘 전달된다.

소리의 속도는 공기의 온도에 따라서도 다르다. 20℃ 공기에서 소리의 속도는 초속 344m이다. 그런데 온도가 0℃가 되면 소리의 속도는 초속 331m로 줄어든다. 왜 그럴까? 소리의 파동은 공기 입자들이 이웃한 입자들과 서로 충돌하면서 진동할 때 전달되는데, 온도가 높아지면 공기 입자들의 움직임이 빨라지므로 더 자주 충돌한다. 그러므로 공기가 따뜻해지면 그 속에서 전달되는 소리의 속도가 빨라진다. 액체와 고체의 분자들은 이미 서로의 거리가 가까운 상태이므로 온도의 영향을 크게 받지 않는다.

| 음속의 벽을 넘어서 | 어스름 새벽, 주인공의 스포츠카가 차가운 공기를 가르며 고속도로를 질주한다. 이 때에는 소리의 속도가 스포츠카보다 빠르기 때문에 소리가 차보다 앞서 나아간다. 그러나 전용 비행장에 도착한 주인공이 자가용 제트기를 타고 날아올랐다면 사정은 달라진다. 제트기의 속력이 매우 빨라지면 어느 순간 소리가 제트기를 따라잡을 수 없는 상태가 된다. 이 때 천둥소리처럼 매우 큰 소리가 생기는데, 이것을 '충격파'라고 한다.

제트기가 소리의 속도보다 빨라지면 제트기는 자신이 만든 음파를 뚫고 나간다. 다음 페이지의 왼쪽 그림은 제트기가 소리의 속도보다 느리게 날 때 만드는 음파의 모양이다. 그런데 소리의 속도보다 빨라지면 음파가 서로 겹치면서 오른쪽 그림 같은 원뿔 모양의 껍질이 생긴다. 이 원뿔 모양의 껍질이 제트기가 지나갈 때 만드는 충격파이다.

충격파는 제트기가 음속을 돌파할 때 발생한다. 반대로 음속보다 빠르게 운동하던 물체가 음속 이하로 속도를 낮출 때에도 충격파가 생겨난다. 비행기가 하늘 높이 날 때 발생한 충격파는 지면까지 오는 동안 에너지를 거의 잃게 되어 지상에서는 관찰할 수 없다. 그러나 비행기가 빠른 속도로 급강하하거나 방향을 급히 바꿀 때에는 큰 에너지가 지면까지 도달하여 폭발음과 함께 강한 압력을 내는 경우도 있다. 이런 현상을 ※ '소닉붐^{sonic boom}' 이라고 하며, 가옥 등에 피해를 입히기도 한다.

오랫동안 기술자들은 비행기가 소리의 속도보다 더 빠르게 나는 것은 불가능하다고 생각했다. 소리의 속도보다 빠르게 날면 충격파 때문에 비행기가 파괴될 것이라고 생각한 것이다. 처음으로 음속의 장벽을 돌파한 사람은 1947년 미국의 처크 예거^{Chuck Yeager}이다. 그는 X-1이라는 로켓으로 된 탈것으로 소리의 속력에 도달하였다. 그 후 기술의 발달과 더불어 현재는 마하 3 이상의 속력도 낼 수 있는 블랙버드라는 제트기가 개발되어 있다.

블랙버드
1965년 미국에서 만든 정찰용 비행기. 블랙버드의 최고 속도는 마하 3.3으로 시속 3,960km이다.

마하
보통 전투기의 성능을 표시할 때 최대 속도를 마하 2, 마하 2.5 등으로 표시하는데, 비행기의 속도가 소리의 속도와 같은 것이 마하 1이다. 마하 3이면 소리의 속도보다 3배 빨리 날 수 있음을 의미한다.

소닉붐
제트기가 비행중에 음속을 돌파하거나 음속에서 감속했을 때 또는 초음속 비행을 하고 있을 때 지상에서 들리는 폭발음으로 음속 폭음이라고도 한다.

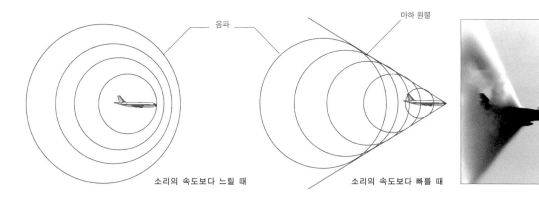

음파

마하 원뿔

소리의 속도보다 느릴 때   소리의 속도보다 빠를 때

마하 원뿔 Mach cone 초음속 비행기에 의해 발생한 충격파는 소닉붐이라고 하는 폭발음을 생성시킨다. 이 충격파의 표면을 마하 원뿔이라고 한다.

초음속으로 날아가는 제트기에 의한 충격파는 수증기를 안개로 만들어 눈에 보이게 한다. 충격파에 의한 큰 압력 변화가 공기 중의 수증기를 압축하여 물방울을 만드는 것이다.

2 | 큰 소리, 작은 소리

병아리가 삐악거리는 소리는 작고, 호랑이의 울음소리는 아주 크다. 또 소프라노 가수의 목소리는 높은 데 비해 바리톤 가수의 목소리는 낮다. 이처럼 소리의 크기와 높이가 달라지는 것은 무엇 때문일까?

| 소리의 크기는 진폭이 결정한다 | 북 위에 잘게 자른 색종이 조각을 올려놓고 북을 치면 종잇조각이 위아래로 움직이는 것을 볼 수 있다. 종이가 북 가죽의 진동에 따라 움직이는 것이다. 북을 더욱 세게 치면 종잇조각의 움직임도 따라서 커진다.

북을 치면 순간 친 부분이 오므라든다. 맞아서 오므라든 가죽은 탄성에 의해 원래 모양대로 돌아가려고 움직이는데, 이 때 너무 많이 움직여서 반대로 부풀어 오르게 된다. 그러면 지나치게 부풀어 오른 가죽은 다시 원래 모양대로 돌아가기 위해 오므라든다. 이러한 움직임이 반복되는 것

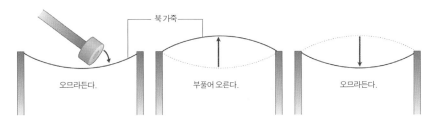

북 가죽의 진동

오므라든다.　　　부풀어 오른다.　　　오므라든다.

북 가죽의 진동 북을 치면 북 가죽의 진동에 의해 주변의 공기가 진동하고
이에 따라 소리가 발생한다. 이처럼 소리는 물체의 진동에 의해 발생한다.

을 '북의 진동'이라고 한다. 색종이 조각은 이 같은 북 가죽의 진동에 따
라 움직이는 것이다. 북을 세게 두드리면 진동하는 폭이 커지므로 종잇조
각의 움직임도 커진다.

　힘을 가할 때 북의 가죽이 오므라든 정도나 부풀어 오른 정도를 '진폭
(진동하는 폭)'이라고 한다. 북을 세게 쳤을 때와 같이 큰 소리를 내는 물체
는 진폭이 크고, 작은 소리를 내는 물체는 진폭이 작다.

큰 소리　　진폭

작은 소리　　진폭

| **소리의 크기를 나타내는 단위** | 사람의 귀는 작은 소리에는 민감하게
반응하고, 큰 소리에는 둔하게 반응하도록 자동 조절하는 기능을 가지
고 있다. 따라서 소리의 세기가 10배가 되더라도 사람의 귀는 10배 더
큰 소리를 듣는 것이 아니라 약 2배 정도의 센 소리로 듣게 된다. 사람
의 청각에 가까운 형태로 소리의 세기를 나타내는 단위를 데시벨(dB)
이라고 한다. 전화기를 발명한 알렉산더 벨의 이름을 따서 벨(B)이라는
단위를 만들었고, 그 10분의 1을 데시벨(dB)이라고 한다. 우리가 귀로
들을 수 있는 작은 소리의 한계는 0dB이다. 0dB은 사람의 귀로는 거의
알아들을 수 없지만, 그렇다고 소리가 없는 것은 아니다.

벨 A. G. Bell, 1847~1922
스코틀랜드 태생의 과학자로 전화를
발명하였다. 오랫동안 음성에 관한
연구와 함께 전기를 통한 소리의 전달에
관한 연구를 한 결과, 1875년에 자신의
음성을 전기로 전달하는 데에 성공했다.

　10dB 증가하면 소리의 세기는 10배가 된다. 20dB은 10dB의 2배 세
기가 아니라 10배 세기의 소리이다. 많은 자동차가 달리는 도로의 소리는
약 70dB이지만, 이것은 조용한 도서관에서 나는 소리인 40dB의 1,000
배 세기가 된다.

　공사장에서 굴착기 기사로 일하거나 공항에서 근무하는 사람들 중에는

귀마개를 하는 이들이 있다. 귀마개는 소리의 세기, 곧 에너지를 줄여 주는 기능을 한다. 120dB 이상의 소리는 고통을 주고, 고막을 파열시킬 수도 있다. 또 시끄럽고 큰 소리에 매일 규칙적으로 노출되면 청력을 잃을 수도 있다.

| 소리의 높이는 진동수가 결정한다 | 기타줄은 모두 길이가 같은데도 줄마다 다른 소리를 낸다. 굵은 줄은 낮은 소리, 가는 줄은 높은 소리가 난다. 그리고 같은 줄도 손가락으로 눌러서 진동하는 부분을 짧게 하면 높은 소리가 난다. 소리의 높이에 차이가 생기는 까닭은 무엇일까?

기타줄을 살펴보면 서로 굵기도 다르고 줄을 만든 재질도 다르다. 낮은 소리를 내는 굵은 줄은 무거운 재질로 되어 있어서 움직이기가 힘들고, 줄을 당기는 힘도 작아서 좀 느슨하다. 이 때문에 늘어났을 때 원래의 길이로 돌아가려는 움직임이 느리게 일어난다. 반대로 가는 줄은 가벼운 재질로 되어 있어서 움직이기 쉽고, 줄을 당기는 힘도 커서 팽팽하다. 따라서 늘어났을 때 원래의 길이로 돌아가려는 움직임이 빠르다. 다시 말해 굵은 줄은 천천히 진동하여 낮은 소리를 내고, 가는 줄은 빠르게 진동하여 높은 소리를 내는 역할을 하는 것이다.

소리를 내는 물체가 1초 동안 진동하는 횟수를 '진동수' 라고 하고, 헤르츠(Hz)라는 단위로 표시한다. 소리의 높이는 진동수에 비례하기 때문에 소리의 높이도 헤르츠로 표시한다. 벌은 1초에 약 200회 날갯짓을 하기 때문에 200Hz, 모기는 1초에 약 250∼500회 날갯짓을 하기 때문에 250∼500Hz의 진동수를 가진 소리를 낸다. 모기가 벌보다 높은 소리를 내는 것이다.

낮은 소리

높은 소리

진동수와 소리의 높이 기타줄이 굵을수록 낮은 소리가 나고 가늘수록 높은 소리가 난다. 소리의 높이는 진동수에 비례한다.

우리는 세상의 모든 소리를 다 들을 수 있을까?

사람이 들을 수 있는 소리의 진동수는 약 20~2만Hz이다. 아이의 울음소리, 자동차의 경적 소리처럼 일상 생활에서 듣는 소리는 모두 이 진동수 범위 안에 있다.

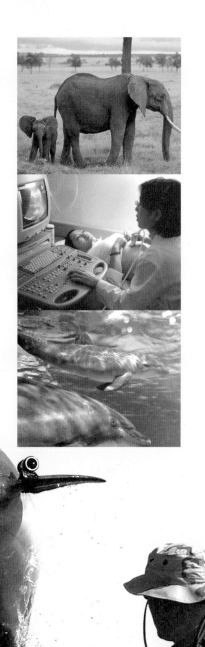

초저주파 20Hz 이하로 진동하는 소리를 '초저주파'라고 한다. 초저주파는 에너지의 손실 없이 먼 곳까지 전파되는 특징이 있다. 수십km 떨어져 있는 코끼리들이 서로 연락하고, 수컷 코끼리가 아프리카 사바나 정글에 있는 암컷 코끼리를 찾아내는 것도 초저주파 덕분이다. 코끼리들이 사용하는 신호는 5~50Hz의 주파수를 갖고 있다. 고래 가운데 일부도 초저주파로 의사 소통을 하는 것으로 알려져 있다. 물 속에서는 지상보다 음파가 멀리 나가기 때문에 수백 km 떨어진 곳에서도 의사 소통을 할 수 있다. 하지만 요즘은 선박이나 잠수함, 바닷속 탐사 등으로 인한 소음이 늘어나면서 고래들의 의사 소통에 장애가 생긴다고 한다. 초저주파는 기상 조건에 따라 지구를 몇 바퀴 도는 거리까지 전파되기도 하는데, 이런 특성은 핵무기의 확산을 막는 데도 도움이 된다. 핵 실험을 할 때 발생하는 초저주파는 2시간 이내에 2,500~3,500km 떨어진 곳에서도 감지해 낼 수 있기 때문이다.

초음파 2만Hz 이상으로 진동하는 소리를 초음파라고 하는데, 초음파는 넓게 퍼지지 않는 특징이 있다. 박쥐는 자신이 낸 '초음파'가 물체에 반사되어 돌아오는 것을 이용하여 물체의 위치를 파악한다. 그래서 어두운 곳에서도 물체에 부딪히지 않고 날 수 있다. 초음파는 여러 분야에서 응용되고 있다. 어선에서 고기 떼의 위치를 파악할 때도 초음파를 이용하고, 병원에서 쓰는 초음파 화상 진단 장치도 초음파가 물체에 닿았을 때 반사되어 돌아오는 성질을 이용한 것이다.

지느러미에 바닷속 어뢰를 장착한 K-dog 돌고래

소리의 크기

소리의 세기와 소음

소리는 사람의 귀에서 감각적으로 느낄 때 그 의미를 가진다. 소리의 세기는 귀가 밝은 사람이 겨우 느낄 수 있는 정도를 기준으로 삼는데, 이 소리의 기준을 0dB이라고 한다. 소리의 세기가 0dB의 10배이면 10dB, 100배이면 20dB이다.

소음은 단순히 시끄러운 소리만이 아니라 불쾌감을 주고 일의 능률을 떨어뜨리는 듣기 싫은 소리까지 포함하는 비주기적인 소리로, 감각적인 환경 오염이라 할 수 있다. 따라서 우리의 건강에 커다란 영향을 미친다. 소음 피해로 일시적 혹은 영구적으로 청력이 손실되거나, 수면을 방해하고 혈압을 높이며, 소화에 지장을 준다. 임산부의 경우 태아 발육을 저하시킬 수도 있다.

소음을 줄이기 위해서는 소리를 발생시키는 장치에서 불필요한 진동을 없애야 한다. 또한 소리의 반사나 흡수를 이용해서 소음을 줄일 수 있다. 소음이 심한 도로 주변에 세워 놓은 방음벽의 경우 소리를 흡수하는 흡음재를 넣기도 하는데, 흡음재는 탄성이 없어서 소리 에너지를 흡수만 하고 진동은 일으키지 않는 재료이다.

비행기의 엔진 소리 **120dB**

도서관 **40dB**

수업중인 교실 **50dB**

시끄러운 록 음악 **110dB**

공장의 소음 90dB

전자 오락실 80dB

교통이 혼잡한 도로 70dB

속삭이는 소리 30dB

35

3 | 소리를 듣는 기관, 귀

가족들과 함께 노래방에 가서 신나게 노래하고 그것을 CD에 녹음해 왔다. 집에 가지고 와서 들어 보니 아빠, 엄마, 동생의 목소리는 평소에 듣던 것과 똑같은데 유독 내 목소리만 평소와 다르게 느껴진다. 왜 그런 걸까?

| **어떤 게 진짜 내 목소리일까?** | 자신의 목소리를 녹음해서 들어 보면 어딘가 모르게 낯설게 느껴진다. 녹음기에 문제가 생긴 것도 아닌 듯한데, 왜 이런 일이 생기는 걸까?

비밀은 내 귀로 듣는 내 목소리와 다른 사람의 귀에 들리는 내 목소리가 서로 다르다는 데 있다. 즉, 소리가 전달되는 경로가 서로 다르기 때문이다. 다른 사람이 내는 소리는 공기의 진동을 통해 고막을 울리고 내이로 전달된다. 그러나 자기가 낸 소리를 자신이 들을 때에는 두 가지 경로로 전달된다. 한 가지 경로는 다른 사람의 소리를 듣는 것과 같다. 즉, 입 밖으로 나간 소리가 다시 공기의 진동을 통해 귀로 들리는 것이다. 다른 한 경로는 목의 성대에서 울린 소리가 뼈와 근육을 통해 내이로 직접 전달되는 것이다. 이렇게 내 목소리가 내 귀에 전달되는 경로와 다른 사람의 귀에 전달되는 경로가 다르기 때문에 녹음기의 도움 없이는 다른 사람의 귀에 들리는 내 목소리를 똑같이 내가 들을 수가 없다. 그러므로 녹음기에서 나오는 소리가 바로 다른 사람이 알고 있는 내 목소리일 가능성이 높다.

| **높은 곳에서는 왜 귀가 멍해질까?** | 귀는 소리를 받아들이고 그것을 신경 신호로 바꾸어서 대뇌로 보내는 일을 한다.

귀는 크게 외이·중이·내이로 나뉜다. 외이는 귓바퀴와 외이도로 구성

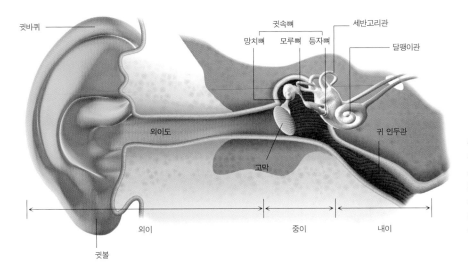

귓바퀴

귓속뼈
망치뼈 모루뼈 등자뼈

세반고리관

달팽이관

외이도

고막

귀 인두관

외이   중이   내이

귓볼

귀의 구조
귀는 귓바퀴, 소리에 따라 진동하는 고막,
소리를 증폭시켜 주는 귓속뼈, 소리를
감지하는 달팽이관으로 구분된다. 귀에는
소리를 감지하는 달팽이관 외에 우리 몸이
회전하거나 기울어지는 것을 감지하는
반고리관과 같은 전정기관도 있다.

되어 있는데, 소리를 모아 고막으로 들어가도록 하는 역할을 한다. 중이
는 고막과 청소골, 유스타키오관으로 구성되어 있다. 외이도로 들어온 소
리, 즉 공기의 진동은 고막을 북치듯이 두드리고 고막은 거기에 맞추어
진동한다. 소리를 잘 듣기 위해서는 우선 고막이 제대로 진동해야 한다.
그러려면 고막을 기준으로 안쪽(중이)과 바깥쪽(외이)의 공기 압력이 같
아야 하는데, 공기의 압력을 조절하는 역할은 유스타키오관이 담당한다.
유스타키오관의 길이는 약 4cm 정도로 한쪽은 중이, 다른 한쪽은 입의
안쪽에 연결되어 있다.

높은 산에 오르거나 차를 타고 높은 고개를 넘을 때 귀가 울리거나 멍해
질 때가 있다. 높은 곳은 낮은 곳에 비해 공기의 양이 적어서 압력이 낮다.
그래서 낮은 곳에서 갑자기 높은 곳으로 이동하면 고막 바깥쪽의 공기 압
력, 즉 기압이 안쪽에 비해 낮아진다. 그런데 유스타키오관의 압력 조절
이 빨리 이루어지지 않기 때문에 고막 안쪽과 바깥쪽의 압력에 차이가
생긴다. 그래서 고막은 안쪽에서 바깥쪽으로 밀려 있는 모양을 하게 되
고, 소리에 따라 제대로 진동하지 못한다. 이 때 귀가 멍해지는 느낌을
받는다.

갑작스런 기압의 변화로 귀가 멍해지면 침을 삼키거나 하품을 하거나
껌을 씹어 보자. 유스타키오관이 자극을 받아서 통로가 열리고 코를 통해

고막 바깥쪽 기압이 낮아졌을 때
고막이 잘 진동하지 않는다.

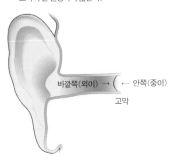

바깥쪽(외이) →   ← 안쪽(중이)
                    고막

고막 안팎의 기압이 같을 때
고막이 잘 진동한다.

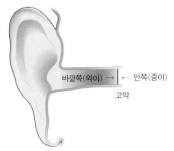

바깥쪽(외이) →   ← 안쪽(중이)
                    고막

공기가 빠져 나가 외이와 중이의 압력이 같아지고 고막은 원래의 모양대로 돌아간다. 그 결과 귀가 멍한 증상도 없어지게 된다.

고막은 두께가 0.1mm인 반투명한 얇은 막으로, 막을 구성하는 세포들과 모세혈관으로 이루어져 있는데, 외부의 압력이 너무 강해서 힘의 평형이 깨지면 파열된다. 또 코를 세게 풀면 파열되기도 한다. 그렇다고 너무 크게 걱정할 필요는 없다. 약간 파열된 정도라면 죽은 세포는 스스로 사라지고 주변의 정상 세포가 다시 분열해서 고막이 재생되기 때문이다.

│ 소리를 대뇌로 전해 주는 달팽이관 │ 고막에 도달한 소리의 진동은 고막과 연결된 귓속뼈를 움직이게 해서 진동을 증폭시킨다. 귓속뼈는 내이와 연결되어 있는데, 내이는 달팽이 모양으로 꼬여 있어서 달팽이관이라고 부른다. 달팽이관은 림프액이라는 액체로 가득 차 있기 때문에 귓속뼈에서 증폭된 소리는 달팽이관에서 액체의 파동으로 바뀐다. 코르티 기관은 100여 개의 섬모를 가진 1만 5,000개의 청각 세포로 구성되어 있고, 섬모의 위쪽에는 덮개막이라는 고정된 막이 있다.

이렇게 달팽이관의 액체에 파동이 전달될 때마다 섬모가 덮개막과 부딪쳐 구부러지거나 뒤틀려지면서 신경의 신호로 바뀐다. 이것이 대뇌로 전달되면 소리를 인식하게 되는 것이다.

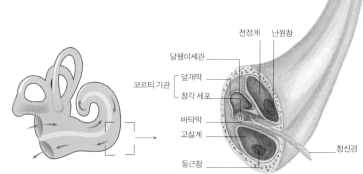

달팽이관 달팽이관은 림프액이라는 액체로 채워져 있으며, 세 부분으로 나뉜 긴 파이프 모양이 달팽이 껍질처럼 둥글게 말려 있다. 전정계는 귓속뼈로부터 소리의 진동을 받아들여 림프의 진동으로 전환시키는 부분이고, 고실계는 림프의 진동을 달팽이관 외부로 전하는 부분이다. 달팽이세관은 소리의 고저·크기 등을 감지하는 부분이다.

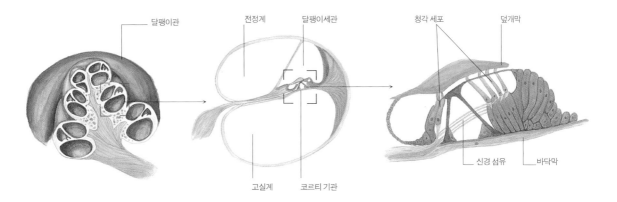

코르티 기관 달팽이 세관에 있는 코르티 기관은 소리의 신호를 뇌가 감지할 수 있도록 바꿔 주는 역할을 담당한다. 전정계를 거쳐 고실계까지 전달된 파동의 바닥막을 진동시키면 바닥막 위의 청세포가 덮개막을 자극하여 신호가 발생되어 신호는 대뇌로 전달된다.

| 귀 는 왜 두 개일까? | 누군가가 나를 부르면 소리가 나는 방향으로 고개를 돌리게 된다. 나를 부르는 사람이 내 두 귀에서 똑같은 거리에 있지 않다면, 그 소리는 어느 한쪽 귀에 먼저 도달하고 더 크게 들린다. 우리는 두 귀로 들을 수 있기 때문에 소리가 발생한 위치를 훨씬 정확하게 구분할 수 있다.

이것을 가리켜 '쌍청각 작용'이라고 한다. 사람의 뇌는 두 귀에 도달하는 소리 사이의 아주 작은 차이를 감지할 수 있다. 이러한 차이를 느끼기 때문에 뇌는 소리가 나는 방향을 알 수 있는 것이다. 따라서 한쪽 귀가 들리지 않는 사람은 들리는 소리를 서로 비교할 수 없어서 소리의 위치를 정확히 찾는 데 어려움을 겪는다.

지하철 안이나 길에서 음악의 볼륨을 아주 높인 상태로 이어폰을 꽂고 다니는 사람들을 볼 수 있다. 오랜 시간 동안 큰 소리를 듣게 되면 교통 사고의 위험에 쉽게 노출될 수도 있고, 청신경을 손상시켜 청력을 잃어버릴 수도 있다. 소중한 귀를 너무 혹사하지 말자.

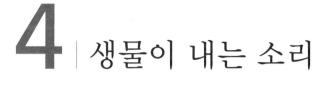

4 | 생물이 내는 소리

수정이의 목소리는 가늘면서 작고 철민이의 목소리는 굵고 크다. 그리고 어릴 적 누구나 한번쯤은 불렀던 동요 '동물 농장' 의 노랫말처럼 닭장 속의 암탉은 꼬꼬댁 꼬꼬 하고 울고, 마루 밑의 거위 는 꽥꽥 소리를 내고, 외양간의 송아지는 음매 음매 하고 운다. 이처럼 사람마다 목소리가 다르고 동물들이 내는 소리가 각기 다른 이유는 무엇일까?

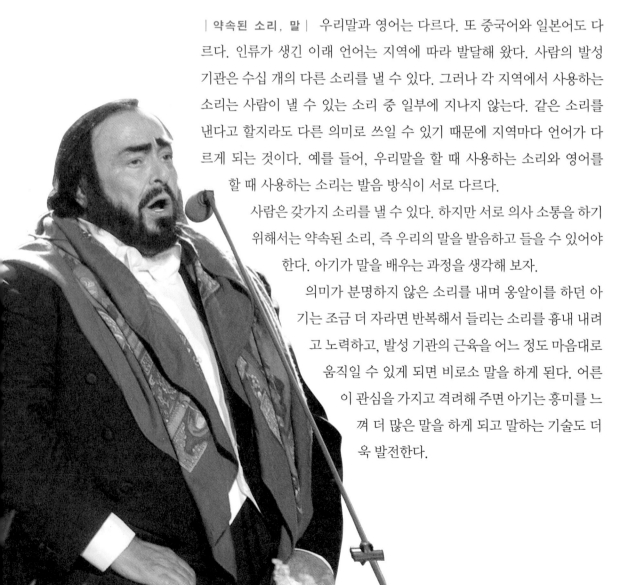

| 약속된 소리, 말 | 우리말과 영어는 다르다. 또 중국어와 일본어도 다르다. 인류가 생긴 이래 언어는 지역에 따라 발달해 왔다. 사람의 발성 기관은 수십 개의 다른 소리를 낼 수 있다. 그러나 각 지역에서 사용하는 소리는 사람이 낼 수 있는 소리 중 일부에 지나지 않는다. 같은 소리를 낸다고 할지라도 다른 의미로 쓰일 수 있기 때문에 지역마다 언어가 다르게 되는 것이다. 예를 들어, 우리말을 할 때 사용하는 소리와 영어를 할 때 사용하는 소리는 발음 방식이 서로 다르다.

사람은 갖가지 소리를 낼 수 있다. 하지만 서로 의사 소통을 하기 위해서는 약속된 소리, 즉 우리의 말을 발음하고 들을 수 있어야 한다. 아기가 말을 배우는 과정을 생각해 보자.

의미가 분명하지 않은 소리를 내며 옹알이를 하던 아기는 조금 더 자라면 반복해서 들리는 소리를 흉내 내려고 노력하고, 발성 기관의 근육을 어느 정도 마음대로 움직일 수 있게 되면 비로소 말을 하게 된다. 어른이 관심을 가지고 격려해 주면 아기는 흥미를 느껴 더 많은 말을 하게 되고 말하는 기술도 더욱 발전한다.

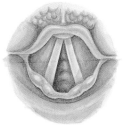

성대
성대는 후두의 한복판에서 약간 아래쪽에 수평으로 보이는 한 쌍의 주름이다. 남성의 성대는 굵고 길며(평균 2㎝), 여성과 어린이의 성대는 가늘고 짧다(여성 1.5㎝, 어린이 0.9㎝). 그래서 남성은 진동수가 적은 반면 여성과 어린이는 진동수가 커서 목소리의 고저가 생긴다.

│ **사람이 내는 말소리** │ 사람은 성대를 진동시켜서 소리를 낸다. 우리가 말을 할 때에는 공기가 폐에서 목을 통해 밖으로 배출되는데, 이 공기가 성대를 진동시켜서 소리를 만들어 낸다. 이 성대가 발음 기관이다. 여기서 나오는 소리만으로는 의미 있는 말이 되지 않는다. 이 소리는 입 속으로 흘러나와 이·혀·입천장·안면 근육의 움직임에 의해 여러 가지 소리와 의미를 지닌 말이 된다. 성대는 후두 안쪽 공간을 가로지르는 2겹의 주름, 곧 근육으로 이루어졌다. 주로 소리를 내는 데 쓰이며, 내려고 하는 소리의 높이에 알맞은 빈도로 근육이 수축되거나 이완되면서 성대가 떨리게 되어 소리가 난다.

보통 사람들은 자기가 어떻게 해서 어떤 소리를 내는가를 궁금해하지 않는다. 하지만 목소리를 많이 사용하는 가수나 배우들은 근육을 수축시키고 이완시키는 방법에 따라서 발성 효과가 달라진다는 사실을 잘 알고 있다. 성대를 짧게 줄여서 긴장시키면 고음이 나고, 반대로 성대를 길게 늘여서 이완시키면 저음이 난다. 또 폐에서 배출되는 공기가 성대를 통과할 때 속도가 빠르고 압력이 강할수록 소리가 커진다.

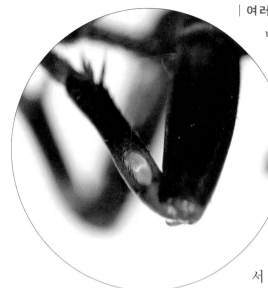

귀뚜라미의 청각기
귀뚜라미는 수컷만 소리를 낸다. 수컷의 앞날개는 배에 닿지 않고 날개맥이 두껍게 발달하여 이들을 비벼 소리를 낸다. 앞다리의 종아리마디에 청각기인 고막이 있다.

| 여러 동물의 소리내기 | 동물들은 어떻게 소리를 낼까? 먼저 고래와 박쥐의 경우를 살펴보자. 고래와 박쥐의 발성법은 사람과 거의 비슷하지만, 내는 소리의 진동수 범위는 다르다. 고래가 내는 소리는 사람의 귀로 식별할 수 있는 가장 낮은 음보다 더 낮다. 긴수염고래는 20㎐의 주파수를 가진 아주 낮은 소리를 낸다. 이것은 피아노에서 음이 가장 낮은 건반을 눌렀을 때 나는 음에 가까운 소리다. 이 같은 저주파수의 소리는 바닷속에서 거의 흡수되지 않는다. 그래서 20㎐의 소리를 내는 고래는 세계 어디서나 통신이 가능하다고 한다.

한 과학자가 박쥐의 눈을 가린 채 여러 개의 줄을 가로질러 연결한 캄캄한 방에 넣어 보았다. 그러자 박쥐는 줄들 사이를 자유롭게 날아다녔다. 박쥐는 어떻게 장애물을 피할 수 있었을까? 박쥐는 시각 말고 다른 감각을 이용한 것이다. 박쥐는 5만~10만㎐의 고주파수 소리를 내서 사물을 식별하고 의사 소통을 한다. 박쥐가 이러한 초음파를 내면 그 소리가 물체에 반사되어 되돌아오는데, 박쥐는 반사되어 돌아오는 소리의 시간차를 통해 장애물의 위치를 파악하는 것이다.

귀뚜라미는 좀 독특한 방식으로 소리를 내는데, 수컷만 소리를 낼 수 있다. 수컷은 앞날개를 마찰시켜서 소리를 내는데, 오른쪽 앞날개 뒷면의 아래쪽 줄 부분에다 왼쪽 앞날개의 뒤쪽 가장자리에 있는 두꺼운 부분을 비벼서 소리를 낸다. 앞날개의 나머지 부분은 소리의 울림통 역할을 해서 좋은 소리가 나도록 해 준다. 그런데 귀뚜라미의 귀는 어디에 있을까? 앞다리의 종아리마디에 고막 기관이 있어서 소리를 들을 수 있다. 귀뚜라미는 아름다운 소리를 내기 때문에 요즘에는 애완용으로도 길러진다. 수컷 귀뚜라미의 울음소리는 짝을 찾기 위한 애절한 사랑 고백의 노래이다.

여름이 되면 도시든 농촌이든 매미들의 우렁찬 울음소리로 뒤덮인다.

예전에는 매미가 한여름의 더위를 씻어 주는 시원한 음악가로 사랑받았지만, 요즘은 그렇지도 않다. 농촌에서는 매미가 나무와 열매를 망치는 해충이라고 미워하고, 도시의 매미들은 밤에도 시끄럽게 울어대는 통에 미움을 받는다.

수컷 매미는 뱃속에 있는 발음 기관으로 만든 소리를, 텅 빈 뱃속에서 증폭시켜서 울음소리를 낸다. 그러나 암컷에게는 발음 기관이 없다. 수컷은 귀뚜라미와 마찬가지로 멋진 노래로 암컷을 유혹하는 데 성공해야 후손을 남길 수가 있다. 또 매미는 경쟁자인 다른 수컷의 접근을 막기 위해 경고의 소리를 내기도 하고, 붙잡혔을 때에는 비명을 지르기도 한다.

변성기의 비밀

아이들이 떠드는 소리를 들어 보자. 특히 여자 아이들은 남자 아이들에 비해 목소리가 높아서 시끄럽게 들리기까지 한다. 왜 여자 아이들의 소리는 유난히 높은 것일까? 소리의 높낮이는 성대의 길이에 좌우된다. 따라서 성대가 짧으면 고음이 나고, 길면 저음이 난다.

사춘기가 되면 후두가 커지기 시작한다. 따라서 성대가 두껍고 길어져서 목소리가 낮고 굵어진다. 이런 변화는 여자 아이보다 남자 아이에게서 더욱 두드러지게 나타난다. 남자 아이들의 음성은 눈에 띄게 굵어지다가 마침내는 고음을 낼 수 없게 된다. 그렇지만 얼마 동안은 남자 아이의 음성이 갑자기 높아졌다가 다시 낮아지는 경우도 있다. 이런 시기를 변성기라고 한다.

변성기에는 마음대로 발음이 안 되거나 이상한 소리로 발음되기도 한다. 이것은 성대의 근육을 잘 조절하지 못해서 나타나는 현상이다. 따라서 자꾸 변화하는 성대의 수축과 이완을 조절하는 근육의 사용 방법을 익히는 것이 필요하다.

오스트리아의 문화 예술 사절단으로 전세계에 맑고 청아한 음성을 전하고 있는 빈 소년 합창단.

5 | 환경에 따른 소리의 변화

'숲의 요정 에코는 헤라의 미움을 받아서 스스로 말을 하지 못하고 남이 한 말만 되풀이할 수밖에 없는 슬픈 처지가 되었다.' 는 그리스 신화의 에코 이야기는 메아리라는 자연 현상을 설명하기 위해 지어낸 것은 아닐까? 소리의 반사·굴절·간섭에 의해 일어나는 현상에는 어떤 것이 있을까?

| 반사되는 소리 | 우리 입에서 나온 소리는 마치 호수 위의 물결처럼 공기의 파동으로 전해진다. 눈에 보이지 않는 이 공기의 파동을 '음파'라고 한다. 이 음파가 콘크리트로 지은 건물의 벽처럼 단단하고 평평한 곳에 부딪히면 어떤 일이 일어날까? 이 때 음파가 지닌 에너지의 일부는 벽을 지나가거나 흡수되지만 대부분의 소리는 반사되어 돌아온다. 학교 강당에서 입학식을 하거나 학예회를 할 때 우리는 사실상 두 가지 소리를 듣는 것이다. 하나는 직접 들리는 소리이고, 다른 하나는 벽에서 반사되는 소리이다. 산 정상에서 '야호~'를 외칠 때 듣게 되는 산울림 현상, 곧 메아리는 소리의 반사를 잘 보여 주는 예이다.

음파의 반사와 흡수 강당 뒤쪽에 커튼을 치면 대부분의 음파가 커튼에 흡수되어 메아리가 들리지 않게 된다.

강당이나 공연장에서 반사되는 소리를 없애려면 어떻게 해야 할까? 메아리는 벽의 재질과 소리가 나는 곳에서부터 벽까지의 거리에 영향을 받는다. 예를 들어 강당 뒤쪽에 커튼을 치면 메아리는 더 이상 들리지 않게 된다. 커튼이 대부분의 소리를 흡수하고 아주 조금만 반사하기 때문이다. 이처럼 반사되는 벽면의 재질을 바꾸면 메아리를 줄이거나 없앨 수 있다.

또 소리의 반사는 벽이 얼마나 멀리 떨어져 있는가에 따라서도 영향을 받는다. 소리를 낸 다음 0.1초 후에 반사된 소리가 도달할 때, 자신이 낸 소리와 반사된 소리를 구분하여 메아리를 들을 수 있다. 소리의 속력은 초속 340m이므로 0.1초 동안 34m를 이동한다. 따라서 소리가 벽에서 반사되어 자신의 귀에 도달하는 시간이 0.1초가 되려면 반사되는 벽과 소리를 낸 사람 사이의 거리가 최소 17m 이상 되어야 한다.

| 퍼져 나가는 소리 | 영화에서 악당들이 방 안에서 무서운 음모를 꾸밀 때 연약한 여주인공이 우연히 그 대화를 엿듣게 된다. 조금 열린 문 틈 사이로 희미한 빛과 소리가 새어 나오는 조마조마한 장면……. 이 장면은 소리의 회절 현상을 잘 보여 준다. 회절이란 진행하던 음파가 벽과 같은 장애물을 만났을 때 장애물의 뒤쪽으로 휘어져 나가는 성질을 말한다. 음파가 장애물의 틈새로 진행할 때는 모서리에서 부채꼴 모양으로 펼쳐지면서 장애물의 뒤쪽으로 퍼져 나간다. 이 같은 소리의 회절 현상 때문에 보이지 않는 곳에서 나는 소리도 들을 수 있는 것이다.

음파의 회절은 파장의 길이가 장애물 사이에 있는 틈의 넓이와 거의 같을 때 가장 잘 일어난다. 방 안에 있을 때 밖에서 난 소리를 잘 들을 수 있는 것은 창문과 문으로 들어온 소리가 회절되어 방 안 전체에 퍼지기 때문이다. 소리의 출입구인 창문과 문의 넓이가 약 0.75m에서 1m 정도인 경우, 이는 진동수 350~400Hz인 소리의 파장과 크기가 거의 같다.

| 구부러지는 소리 | "낮말은 새가 듣고 밤말은 쥐가 듣는다."는 속담이 있다. 그런데 이 속담은 사실이다. 낮에 하는 말을 새가 들으려면 소

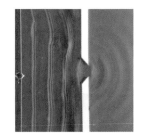

물결파의 회절
파동이 좁은 틈을 지날 때 장애물의 뒤쪽으로 퍼져 나가는 현상. 장애물 뒤에 있는 사람의 소리를 들을 수 있는 것과 바닷가에서 방파제 안쪽까지 파도가 도달하는 것은 파동의 회절 때문에 나타나는 현상이다.

소리의 파장
소리의 파장은 소리의 속력과 진동수를 이용하여 구할 수 있다. 400Hz인 소리의 파장은 340m/s÷400Hz=0.85m이다.

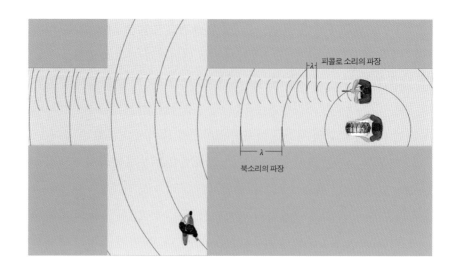

파동의 회절
악대가 행진할 때 피콜로 소리와 북소리 중 길모퉁이에 있는 사람에게 먼저 들리는 소리는 어느 것일까? 파장이 긴 북소리는 높은 음을 내는 피콜로 소리에 비하여 길모퉁이에서보다 효과적으로 회절이 일어난다. 따라서 길모퉁이에 있는 사람에게 먼저 들리는 소리는 북소리이다.

리가 위쪽으로 퍼져 나가야 하고, 밤에 하는 말을 쥐가 들으려면 소리가 아래쪽으로 퍼져 나가야 한다. 소리가 공기 중에 퍼져 나가는 원리를 깨닫는 순간 이 속담이 매우 과학적이라는 걸 알 수 있다.

음파가 한 매질에서 다른 매질로 들어가면 속력이 변한다. 속력의 변화는 음파의 진행 방향을 변화시키는데, 이 현상을 '굴절'이라고 한다.

소리의 속력은 공기의 온도가 높아지면 빨라진다. 공기가 따뜻할수록 공기 입자들의 움직임이 빠르기 때문에 소리의 속력이 빨라지게 된다. 따라서 소리의 속력이 빠른 따뜻한 공기 쪽에서 소리의 속력이 느린 차가운 공기 쪽으로 소리가 구부러지는 것이다.

낮에는 태양열을 직접 받는 지표면 근처의 공기 온도가 위쪽보다 더 높다. 따라서 소리의 속도는 지표면 가까이에서 가장 빠르다. 또 밤에는 지표면은 빨리 식지만 대기는 천천히 식으므로 공기의 온도는 상공일수록 더 높다. 그래서 낮에는 소리가 위쪽으로 굽어 나가고, 밤에는 아래쪽으로 굽어 나간다. 그래서 지표면에서 사는 우리는 낮보다 밤에 먼 곳에서 나는 소리를 잘 들을 수 있다.

| 서로 방해하는 소리 | 집의 거실에 일정한 거리를 두고 오디오와 연결된 스피커 2개를 설치한 뒤 자리를 이동하면서 스피커에서 나오는 음악

소리의 굴절

낮에는 지표면에 가까운 공기가
위쪽보다 더 따뜻하므로 지표면
근처에서 소리의 속력이 증가한다.
그 결과 음파는 지표면에서 먼 쪽으로
휘게 되어 소리가 잘 들리지 않게
된다. 밤에는 지표면의 공기가
주위보다 차가우므로 낮과 반대가
된다. 즉 지표면에서 가까운 곳에서
소리의 속력이 줄어들고 위쪽의
속력이 빨라져서 소리가 지표면
쪽으로 굴절하게 된다.

소리를 들어 보자. 소리가 크게 들리는 곳과 작게 들리는 곳을 찾을 수 있을 것이다. 왜 어떤 위치에서는 소리가 잘 들리고, 어떤 위치에서는 작게 들리는 것일까? 그것은 바로 음파의 간섭 현상 때문이다. 소리는 두 가지 방법으로 서로 간섭을 한다.

오른쪽 그림처럼 두 소리가 합쳐져서 소리의 진폭이 세지면 '보강 간섭'이라고 하고, 두 파동이 합쳐진 결과 음파의 세기가 약해지면 '상쇄 간섭'이라고 한다. 보강 간섭과 상쇄 간섭의 차이는 두 음파가 한 지점에 도착하는 상태에 따라 달라진다. 다시 말해 두 스피커에서 나온 소리가 어떤 지점에 동시에 도착하면 두 소리는 같은 위상을 가지게 되므로 보강 간섭이 일어나서 음파의 세기가 세어진다. 두 스피커에서 나온 소리가 시간 간격을 두고 도착하여 위상이 반대로 되면 상쇄 간섭이 일어나 소리의 세기는 약해진다.

강당이나 콘서트 장에서 우리는 앰프로 증폭된 소리를 듣게 된다. 그런데 여러 곳에 설치된 스피커에서 흘러나오는 소리가 만나는 지점마다 간섭 현상이 일어난다. 따라서 상쇄 간섭이 일어나는 지점에서는 소리가 잘 들리지 않고, 보강 간섭이 일어나는 지점에서는 소리가 잘 들리는 것이다. 이처럼 소리의 간섭 현상을 고려하지 않으면, 아무리 좋은 음향 시설과 악기가 있어도 좋은 공연을 하기가 어렵다.

소리가 크게 들린다. (보강 간섭)

소리가 작게 들린다. (상쇄 간섭)

상쇄 간섭

소리가 작게 들린다.

보강 간섭

소리가 크게 들린다.

| **다리마저 무너뜨리는 공명 현상** | 종을 치거나 기타줄을 튕기거나 식탁에서 수저를 떨어뜨리면 진동하면서 소리가 난다. 모든 물체는 특정한 진동수로 진동하는데, 이것을 고유 진동수라고 한다. 예를 들어 작은 종은 큰 종보다 높은 고유 진동수를 가진다. 따라서 작은 종을 두드리면 큰 종보다 높은 소리를 낸다.

소리굽쇠는 저마다 고유 진동수를 갖고 있어서 두드릴 때마다 특정한 높이의 소리를 낸다. 그래서 기타뿐만 아니라 여러 악기의 음정을 맞출 때 소리굽쇠를 이용한다. 음악가는 악기의 한 음을 연주한 뒤에 그 소리와 소리굽쇠에서 나는 소리의 높낮이를 비교하여 소리굽쇠에서 나는 소리와 같은 높이가 되도록 악기의 음을 조율한다.

색소폰을 연주할 때 나는 소리가 소리굽쇠의 고유 진동수와 일치하면, 색소폰의 나팔 가까이에 놓아 둔 소리굽쇠가 진동하기 시작한다. 이처럼 물체가 고유 진동수로 진동하는 현상을 '공명'이라고 한다. 고유 진동수를 모르는 소리굽쇠가 있다면 다른 악기를 연주하여 어떤 음에서 공명이 일어나는가를 확인하여 그 소리굽쇠의 고유 진동수를 찾을 수 있다.

모든 물체는 자신만의 고유 진동수를 가지고 있다. 그리고 자신의 진동수와 똑같은 진동수를 지닌 음파가 와서 부딪치면 그 물체는 같은 진동수로 진동을 시작한다. 음파가 계속해서 물체에 부딪치면 그 진동은 점점 크게 일어난다.

우리가 유리잔의 고유 진동수와 같은 목소리를 낼 수 있다면 유리잔을 진동시킬 수 있다. 그리고 큰 소리로 노래를 계속 부른다면 유리잔의 진동이 점점 크게 일어나고, 결국 사람의 목소리만으로도 유리잔을 깨뜨릴 수 있다.

1940년 11월 7일, 미국 워싱턴 주의 타코마 다리가 강풍으로 인해 붕괴되었다. 타코마 다리는 한 번의 강력한 바람에 의해 무너진 것이 아니라 바람의 진동수가 다리가 흔들리는 진동수와 일치하면서 점점 더 거세게 흔들리다가 결국은 무너져 내리고 만 것이다. 공명 현상이 거대한 다리를 파괴한 것이다.

공명 현상으로 붕괴된 타코마 다리 준공한 지 4개월 된 워싱턴 주의 타코마 다리가 불어닥친 바람과 공명을 일으켜서 붕괴되었다. 바람이 불규칙적으로 다리에 힘을 가하는 횟수와 다리의 자연 진동수가 인치하여 진폭이 점점 커지다가 붕괴되었다.

머리로 소리를 듣는다?

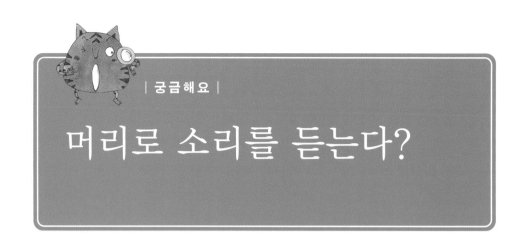

에드거 앨런 포와 《모르그 가의 살인 사건》

모든 소리는 물체의 진동에 의해 만들어진다. 기타 소리는 줄의 진동으로, 사람의 목소리는 성대의 떨림으로 만들어진다. 공기의 진동으로 귀의 고막이 진동하면 이 진동이 청각 기관들을 거쳐 뇌로 전달된다. 이런 과정을 거쳐 우리는 소리를 듣게 되는데, 가끔 실제로 존재하지도 않는 소리를 듣기도 한다. 고막이 진동하지도 않았는데 어떻게 소리를 들을 수 있을까?

에드거 앨런 포Edgar Allan Poe, 1809~1849가 쓴 추리 소설 《모르그 가의 살인 사건》을 잠깐 살펴보자.

어느 날 모르그 가에서 끔찍한 살인 사건이 일어났다. 경찰에게 두 사람이 싸웠다는 증언이 이어졌는데, 그 가운데 한 사람은 프랑스 인이었다는 사실에는 모든 사람의 증언이 일치했다. 그러나 다른 한 사람에 대해서는 의견이 분분했다. 에스파냐 인이라고 증언한 사람도 있었고, 소리의 억양으로 보아 분명 이탈리아 인이라고 확신하는 사람도 있었다. 영국인, 네덜란드 인, 러시아 인이라고 하는 증언도 이어져서 경찰은 혼란에 빠졌다. 이 때 해결사 듀팡이 찾아낸 사건의 결말은? 범인은 사람이 아니라 원숭이였다. 그토록 많은 사람들이 증언을 했는데도 그들은 모두 사람의 목소리라고 했다. 어떻게 원숭이의 소리를 사람의 목소리로 착각할 수 있었을까?

우리는 소리를 들을 때 소리의 세세한 부분까지 모두 정확하게 듣지는 않는다. 오히려 주변의 상황이나 대화의 흐름에 따라 머릿속에서 '이렇게 들릴 것이다.' 라고 미리 예측하고 듣는 경우가 많다. 또 환청이나 이명의 경험도 특별한 사람만 하지는 않는다. 바람에 흔들리는 나뭇잎 소리도 사람이 있다고 완전히 믿어 버리면 작게 속삭이는 대화로 들린다.

이러한 현상들은 대뇌의 소리 청취 시스템에서 비롯된다. 아침에 사람을 만나 서로 인사할 때 '안' 이라는 말이 들리면 그 시점에서 청취 시스템은 '녕' 을 예측한다. 따라서 말하는 사람이 '녕' 이라고 하지 않아도 '녕' 으로 듣는다. 이와 같이 소리를 고쳐서 원래 있는 것처럼 들리게 하는 청취 심리 현상은 귀로 들어오지 않은 소리를 만들어 낸다. 그러나 청취 시스템의 올바른 작동에 의한 환청이 아니라 존재하지 않는 소리가 끊임없이 들리는 경우에는 신경정신과의 진단을 받아 보아야 한다.

한편, 뇌에서는 어떤 소리가 중요하지 않다고 판단하면 들리지 않도록 하기도 한다. 방 안에 있는 시계는 계속 돌아가지만 우리는 째깍째깍 소리를 거의 듣지 못한다. 의식적으로 들으려고 노력하지 않으면 시계 소리는 들리지 않는다. 이처럼 뇌는 습관화의 과정을 통해 중요하지 않다고 판단되는 소리는 들리지 않도록 조절한다. 이쯤 되면 소리는 귀가 아니라 머리로 듣는다고 해야 옳지 않을까?

소리를 저장하라

포노그래프 에디슨이 발명한 최초의 축음기로 원통형이었다. 포노그래프로 재생된 최초의 소리는 에디슨 자신의 목소리가 녹음된 '메리의 양'이라는 동요의 한 구절이라고 한다.

어떤 소리도 영원히 지속되지는 않는다. 진동은 점점 에너지를 잃게 되고, 소리도 사라지고 만다. 끔찍한 소리의 경우에는 아주 좋은 소식이다. 노래방에서 음정과 박자를 맞추지 못해 노래가 엉망이 되었다 하더라도 그것으로 끝이다. 하지만 소리를 녹음할 수 있는 기술 덕분에 엉망이 되어 버린 내 노랫소리를 두고두고 들을 수 있게 되었다. 도대체 누가 이런 기계를 만들었을까?

에디슨이 등장한 이후 인류는 소리를 처음으로 기록하게 되었다. 1877년, 에디슨은 얇은 주석을 입힌 원통에 소리를 기록하여 재생하는 '포노그래프 Phonograph'를 발명하였다. 그 후 오늘날의 CD나 MP3에 이르기까지 소리를 보존하고 재생하는 기술은 끊임없이 발전해 왔다.

포노그래프의 핵심은 공기의 진동을 다른 물체에 보존했다는 데 있다. 에디슨은 공기가 진동할 때 함께 진동하는 바늘이 원통의 표면에 붙어 있는 얇은 주석을 긁으면 이 긁힌 자국에 소리가 저장될 것이라고 생각하였다.

옆의 그림을 보면 소리를 모으는 나팔관 아래에 진동판이 붙어 있다. 나팔관으로 들어간 소리가 진동판을 진동시키면 바늘도 함께 진동한다. 이 때 주석을 입힌 원통을 일정한 속력으로 회전시키면 바늘 끝으로 전달된 공기의 진동이 순서대로 기록된다.

그런데 이렇게 기록된 소리를 어떻게 재생할 수 있을까? 원통을 같은 속력으로 회전시키면 긁힌 자국을 따라 바늘이 움직이면서 바늘 끝은 기록된 홈을 따라 진동한다. 단지 작은 바늘이 진동하는 것만으로는 소리가 너무 작아 들을 수 없다. 따라서 이 때에도 진동판과 나팔관을 통해 소리는 확대된다.

당시 사람들은 자신의 귀를 의심하고 에디슨의 유성기 속에 악마가 들어 있다고까지 생각하였다. 매우 간단한 구조를 가진 유성기였지만, 사람들의 상상력을 뛰어넘을 정도로 충격적이었던 것이다. 에디슨은 유성기가 많은 사람들의 호응을 얻게 되자 '에디슨 유성기 회사'를 세웠다. 그러나 재생되는 소리가 너무나 원시적이고 에디슨도 백열전구 연구에 골몰하면서 유성기는 더 이상 발전되지 못했다.

유성기는 흥미를 가졌던 다른 사람들에 의해 새로운 형태를 갖추기 시작했다. 그 중 독일의 발명가 에밀 베를리너Emile Berliner, 1851~1929는 주석으로 되어 있던 원통형 레코드를 오늘날과 같은 음반 형태로 만들었다. 원반은 원통형과 달리 평면이기 때문에 한 장만 있으면 여러 장을 복제할 수 있다. 평면 디스크가 등장해 복사판을 만들 수 있게 되면서 소리를 저장하고 재생하는 기술은 더욱 발전하였다.

에디슨의 축음기 발명은 인류에게 큰 즐거움을 선사한 획기적인 사건이었다. 축음기 덕분에 우리는 좋아하는 가수의 노래도 두고두고 들을 수 있게 되었다. 또 가족이나 친구의 정겨운 목소리도 담아 둘 수도 있고, 외국어 공부도 할 수 있다. 포노그래프 발명 이후 음악은 인류의 영원한 동반자가 되었으며 새로운 모습으로 더욱 가까워지고 있다.

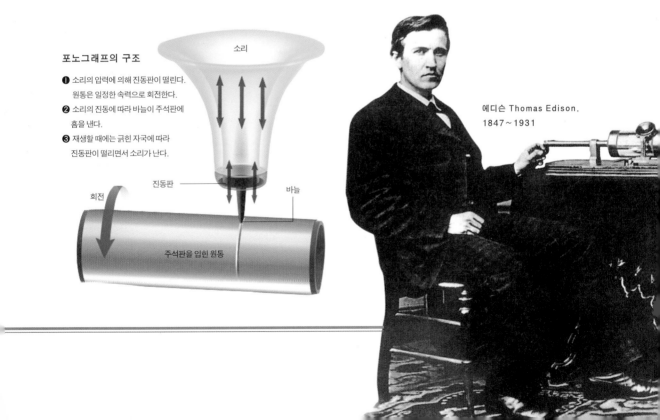

포노그래프의 구조

❶ 소리의 압력에 의해 진동판이 떨린다. 원통은 일정한 속력으로 회전한다.

❷ 소리의 진동에 따라 바늘이 주석판에 홈을 낸다.

❸ 재생할 때에는 긁힌 자국에 따라 진동판이 떨리면서 소리가 난다.

소리

회전

진동판

바늘

주석판을 입힌 원통

에디슨 Thomas Edison, 1847~1931

3
빛

1 | 빛의 성질

잔잔한 연못에는 주변 경치가 물 속에 거꾸로 비치고, 컵 속에 넣은 빨대는 구부러진 것처럼 꺾여 보인다. 또 깜깜한 방에 들어가면 아무것도 보이지 않지만 전등을 켜면 방 안의 물체를 볼 수 있다. 이런 현상은 빛의 어떤 성질 때문에 나타나는 것일까? 왜 모든 물체는 빛이 있어야만 보이는 것일까?

| 빛이 있어야 물체를 볼 수 있다 | 빛이 없는 세상을 상상할 수 있을까? 빛이 없다면 우리는 아무것도 볼 수 없다. 깜깜한 곳에서는 아무리 눈을 크게 뜨고 있어도 아무것도 보이지 않으니까 말이다. 이처럼 우리는 빛이 있기 때문에 물체를 볼 수 있다.

우리 주변에는 태양이나 전등처럼 스스로 빛을 내는 물체가 있다. 이와 같이 스스로 빛을 내는 물체를 '광원'이라고 한다. 우리는 광원을 볼 수 있으며 광원 아래에서는 스스로 빛을 내지 않는 물체도 볼 수 있다.

극장과 같이 어두운 곳에 갑자기 들어가면 처음에는 잘 보이지 않다가 시간이 지나면서 주변의 물체가 조금씩 보이기 시작한다. 암실에서도 전등이 켜져 있으면 광원인 전등에서 나오는 빛이 물체를 비추기 때문에 볼 수 있다.

물체를 보는 과정 물체를 보기 위해서는 광원(태양 · 전구)에서 나온 빛이 물체에 반사되어 눈으로 들어와야 한다. 물체는 빛을 난반사하기 때문에 사방에서 동시에 볼 수 있다.

우리가 물체를 볼 수 있는 것은 광원에서 나온 빛이 물체에 반사되어 우리의 눈에 들어오기 때문이다. 예를 들어 광원에서 나온 빛이 사과와 같은 물체에 닿으면 여러 방향으로 반사되고, 이 반사된 빛이 눈에 들어오기 때문에 볼 수 있는 것이다. 따라서 빛이 전혀 없는 곳에서는 물체를 볼 수 없다.

| 빛은 직진한다 | 창문 틈으로 새어 들어오는 빛은 곧게 뻗어 나간다. 또 어두운 방에서 손전등을 벽에 비추면 빛은 벽을 향하여 똑바로 나아간다. 이처럼 빛은 언제나 직진한다. 구름 사이로 비치는 빛, 일식과 월식 등은 빛이 직진하기 때문에 나타나는 현상이다.

그림자가 생기는 현상도 빛의 직진으로 설명할 수 있다. 스탠드를 켜고 전등을 손으로 가려 보자. 책상 위에는 손의 그림자가 생길 것이다. 이것은 직진해 온 전등의 빛이 손에 가려져 책상에 도달하지 못하기 때문이다.

직진해 온 빛이 거울에 비치면 어떻게 될까? 빛은 거울에서 반사된 후에도 직진한다. 거울의 방향을 바꾸면 빛이 반사되어 나가는 방향이 바뀌지만 여전히 직진한다.

빛은 물이나 유리처럼 투명한 물체를 통과할 수 있다. 유리창을 통하여 바깥의 경치가 보이는 것은 빛이 유리를 투과하여 우리 눈에 들어오기 때문이다.

빛은 물이나 유리의 표면에서 일부 반사되기도 한다. 호수에 풍경이 비치는 것이나, 유리창을 통해 어두운 밖을 볼 때 자신의 얼굴이 유리에 비치는 것은 빛이 물이나 유리의 표면에서 일부 반사되기 때문이다.

그림자
그림자의 중심부는 어둡고 주변부는 조금 더 밝다. 완전한 그림자를 완전 그늘이라 하고 부분적인 그림자를 부분 그늘이라고 한다. 부분 그늘은 그림자 지역에 도달하려는 빛의 일부가 차단되고 나머지 빛이 통과할 때 생긴다.

| 빛은 거울에서 반사된다 | 그리스 신화에는 아름다운 소년 나르키소스가 물 속에 비친 자신의 모습에 반하여 빠져 죽은 뒤 수선화로 피어났다는 이야기가 나온다. 또 거울을 통해서 우리는 자신의 모습을 비춰 볼 수 있다. 이와 같은 현상은 빛이 수면과 거울에서 반사되기 때문이다. 이처럼 빛이 물체에 닿아 반사할 때에는 어떤 규칙성이 있을까?

거울이나 수면에서 빛이 반사될 때, 빛이 거울로 들어가는 입사각과 거울에서 반사되는 반사각의 크기는 같다.

입사한 빛과 거울의 표면에 수직으로 세운 선이 이루는 각을 입사각, 반사한 빛과 거울의 표면에 수직으로 세운 선이 이루는 각을 반사각이라고 한다. 빛이 어떠한 각도로 입사하더라도 입사각과 반사각은 항상 같다. 이 관계를 '반사의 법칙' 이라고 한다.

정반사 · 난반사 호수의 표면은 표면 장력에 의해 매끄러워 빛이 정반사하므로 경치가 비쳐 보이고, 바람이 불어 물결이 일거나 얼어서 울퉁불퉁하면 빛이 난반사하므로 경치가 비치지 않는다.

목욕탕에서 거울에 김이 서려 얼굴이 보이지 않았던 경험이 있을 것이다. 이런 현상은 거울의 표면에 수많은 작은 물방울들이 붙어 있어 빛이 여러 방향으로 반사하기 때문에 나타난다. 이 때 거울에 따뜻한 물을 뿌리거나 수건으로 닦아 내면 물체가 선명하게 보인다. 이것은 거울에 붙어 있던 많은 물방울이 떨어져 나가 편평하게 되어 빛이 일정한 방향으로 반사하기 때문이다.

잔잔한 수면이나 거울처럼 매끄러운 평면에서는 빛이 일정한 방향으로 반사되는데, 이를 '정반사'라고 한다. 반면 종이처럼 울퉁불퉁한 면에서 빛은 여러 방향으로 흩어져 반사하는데, 이를 '난반사'라고 한다. 흰 종이와 같은 하얀 물체는 모든 빛을 반사한다. 그러나 거울과 달리 표면이 거칠어 난반사가 일어나기 때문에 물체가 비치지 않는다.

(a) 물을 붓지 않았을 때

| 빛은 굴절한다 | 컵 속에 동전을 놓고 동전이 보일락 말락 한 위치에서 물을 부으면 서서히 동전이 떠올라 보인다. 이것은 동전에서 나온 빛이 수면에서 굴절하여 우리 눈에 들어오기 때문이다.
빛이 공기에서 진행하다가 물을 만나면 경계면에서 일부는 반사하지만, 대부분의 빛은 물 속으로 들어간다. 이 때 경계면에 비스듬하게 들어간 빛은 진행 방향이 꺾어진다. 이처럼 빛이 서로 다른 물질 속을 통과해 갈 때 경로가 바뀌는 현상을 '빛의 굴절'이라고 한다.

렌즈는 빛이 굴절하는 성질을 이용하여 만든 것이다. 빛이 렌즈를 통과하면서 꺾이기 때문에 물체의 크기가 실제보다 크거나 작게 보인다. 렌즈는 안경·카메라·현미경·망원경 등의 광학기기에 널리 이용된다.

한편, 유리에서 공기로 빛이 굴절할 때 입사각이 커지면 더 이상 굴절이 일어나지 않고 모든 빛이 반사하는 경우가 있다. 이런 현상을 '전반사'라고 한다. 다이아몬드가 유난히 반짝거리는 것은 다이아몬드로 들어간 빛이 전반사되어 되돌아 나오기 때문이다. 또 통신에 널리 이용되는 광섬유는 빛이 전반사되면서 밖으로 새지 않으며 관이 어느 정도 구부러져도 영향을 받지 않기 때문에 손실 없이 먼 곳까지 정부를 전달할 수 있다.

(b) 물을 부었을 때

물을 부었을 때 컵 속의 동전이 보이는 원리 광원에서 나온 빛이 동전 표면에서 반사되어 우리 눈에 들어올 때 동전을 볼 수 있다. 이 때 동전에서 반사되어 수면을 향하는 광선의 경로를 그려 보면 우리에게 보이는 동전의 위치를 알 수 있다. 그림 (b)에서 동전의 오른쪽과 왼쪽의 끝에서 반사된 광선은 수면에서 꺾이게 된다. 그러나 우리의 눈은 빛이 굴절되는 과정을 인식하지 못하므로 빛의 연장선상에 물체가 있는 것처럼 느끼는 것이다.

빛의 성질

빛의 반사와 굴절에 대하여 알아보자.

거울은 표면이 매끈하여 빛을 잘 반사하는 물체로, 보통 유리의 뒷면을 금속 물질로 코팅하여 만든다. 빛이 거울에서 반사될 때 입사각과 반사각의 크기는 언제나 같다. 한편, 빛이 공기 중에서 물로 들어가는 경우와 같이 한 매질에서 다른 매질로 진행할 때 경계면에서 진행 방향이 꺾어지는데, 이러한 현상을 '빛의 굴절'이라고 한다.

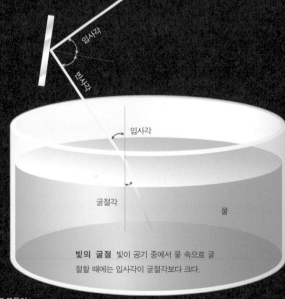

A : 평면 거울에서 반사되는 빛
평면 거울에서 물체까지의 거리와 거울에서 상까지의 거리는 같고, 상의 크기는 물체의 크기와 같다.

입사각
반사각

입사각
반사각

B : 오목 거울에서 반사되는 빛
오목 거울은 빛을 모으는 성질이 있으므로 올림픽에서 성화를 채화할 때 사용된다.

입사각

굴절각   물

빛의 굴절 빛이 공기 중에서 물 속으로 굴절할 때에는 입사각이 굴절각보다 크다.

C : 볼록 거울에서 반사되는 빛
볼록 거울을 통해 넓은 지역을 볼 수 있으므로 모퉁이 길이나 상점 등에서 감시용 거울로 사용된다.

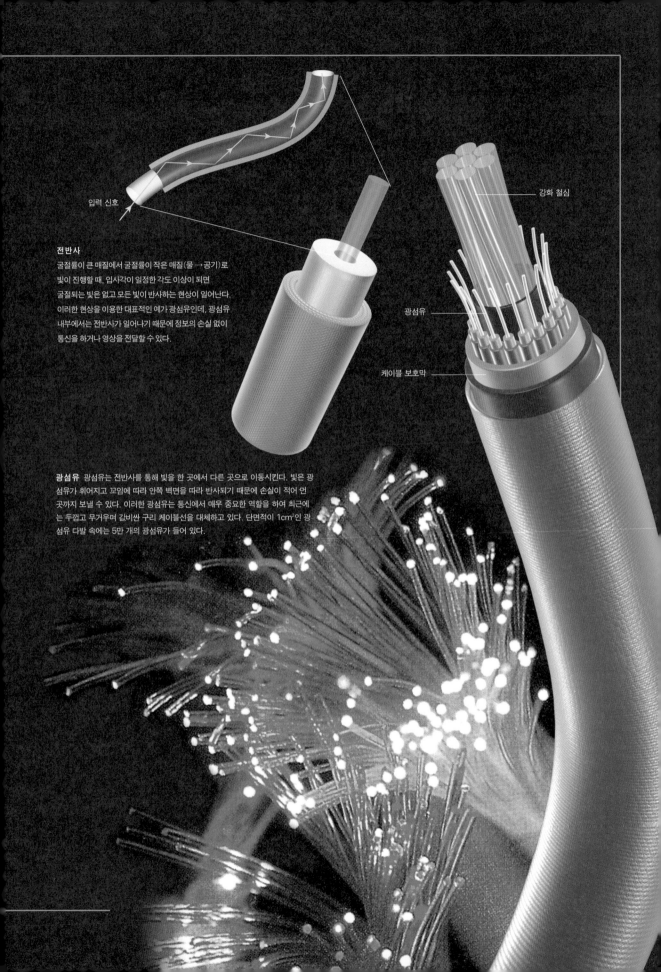

입력 신호

전반사
굴절률이 큰 매질에서 굴절률이 작은 매질(물→공기)로
빛이 진행할 때, 입사각이 일정한 각도 이상이 되면
굴절되는 빛은 없고 모든 빛이 반사하는 현상이 일어난다.
이러한 현상을 이용한 대표적인 예가 광섬유인데, 광섬유
내부에서는 전반사가 일어나기 때문에 정보의 손실 없이
통신을 하거나 영상을 전달할 수 있다.

강화 철심

광섬유

케이블 보호막

광섬유 광섬유는 전반사를 통해 빛을 한 곳에서 다른 곳으로 이동시킨다. 빛은 광
섬유가 휘어지고 꼬임에 따라 안쪽 벽면을 따라 반사되기 때문에 손실이 적어 먼
곳까지 보낼 수 있다. 이러한 광섬유는 통신에서 매우 중요한 역할을 하여 최근에
는 두껍고 무거우며 값비싼 구리 케이블선을 대체하고 있다. 단면적이 1cm²인 광
섬유 다발 속에는 5만 개의 광섬유가 들어 있다.

2 | 빛의 색과 에너지

여름날, 소나기가 그치고 햇빛이 나면 무지개가 생기곤 한다. 또 해를 등지고 서서 분무기로 물을 뿌릴 때나 분수대에서 물을 뿜어 낼 때도 무지개를 볼 수 있다. 무지개의 색은 어떻게 나타나는 것일까? 태양은 색깔이 없어 보이는데 무지개는 어떻게 7가지 색을 띠는 것일까?

광원에 따라 달리 보이는 신발
물체의 빛깔은 비추는 빛에 따라 달라진다. 태양 빛 아래에서 흰색으로 보이는 운동화에 빨간색 조명을 비추면 빨갛게 보이고, 보라색 조명을 비추면 보라색으로 보인다.

| 눈 으 로 볼 수 있 는 빛, 가 시 광 선 | 무대 위에 선 배우의 옷 색깔은 조명하는 색에 따라 달라진다. 흰색 옷을 파랗게 보이게 하려면 파란색 조명을 비추면 되고, 빨갛게 보이게 하려면 빨간색 조명을 비추면 된다.

흰색 옷을 입은 배우의 옷 색깔은 햇빛 아래에서 어떻게 보일까? 당연히 흰색으로 보인다. 그러면 태양 빛은 흰색일까? 흰색이 아니라면 왜 흰색 옷은 하얗게 보이는 걸까?

여러 가지 색깔의 셀로판 종이를 손전등에 씌운 뒤 어두운 방에서 스크린에 비추어 보면 어떤 색깔이 나타나는가? 빛이 합쳐진 부분에는 다양한 색깔이 나타날 것이다. 빛은 여러 색깔을 합성할수록 밝아지는데 나중에는 햇빛과 같은 백색광이 된다.

가시광선   빨간색 조명   보라색 조명

햇빛을 프리즘에 통과시켜 보면 햇빛은 빨간색에서 보라색까지 연속적인 색깔의 띠로 나뉜다. 우리 눈으로 볼 수 있는 이 빛을 '가시광선'이라고 한다. 프리즘을 통과한 빛을 모두 합성하여 스크린에 비추면 어떻게 될까? 이 때에는 태양 빛과 같은 무색의 빛이 된다. 태양이나 환등기의 빛처럼 색깔을 띠지 않는 빛을 '백색광'이라고 한다. 햇빛이 프리즘을 통과하면 무지개 빛깔로 나뉘는 것은 원래 태양 빛 속에 여러 색깔의 빛이 들어 있기 때문이다.

빛의 합성과 색깔의 합성
빛의 삼원색은 빨간색(Red),
녹색(Green), 파란색(Blue)이다.
이 3가지 빛을 합치면 어떠한 색이든
만들어 낼 수 있다. 빛은 합칠수록
밝아지므로 밝은 색의 빛으로 보이게 된다.
따라서 빛의 합성을 가산 혼합이라고 한다.
색의 삼원색은 청록색(Cyan),
자홍색(Magenta), 노란색(Yellow)이다.
이 3가지 색을 합치면 어떠한 색이든
만들어 낼 수 있다. 물감은 합칠수록
어두워지므로 물감의 혼합을 감산
혼합이라고 한다.

| 적외선 · 자외선 · X선 · γ선 · 전파 | 프리즘을 통과한 여러 색깔의 빛의 띠에서 빨간색과 보라색의 바깥쪽에는 어떠한 색깔도 보이지 않는다. 그 바깥쪽에는 아무것도 존재하지 않는 것일까?

1800년 영국의 허셜William Friedrich Herschel, 1738~1822은 프리즘으로 나누어진 태양 빛의 스펙트럼에 온도계를 놓고 어떤 색깔의 빛에서 온도가 가장 높게 올라가는지를 확인하는 실험을 하였다. 그러자 아무런 색깔도 보이지 않는 빨간색 바깥쪽에서 온도가 가장 높게 올라간다는 사실을 알아냈다.

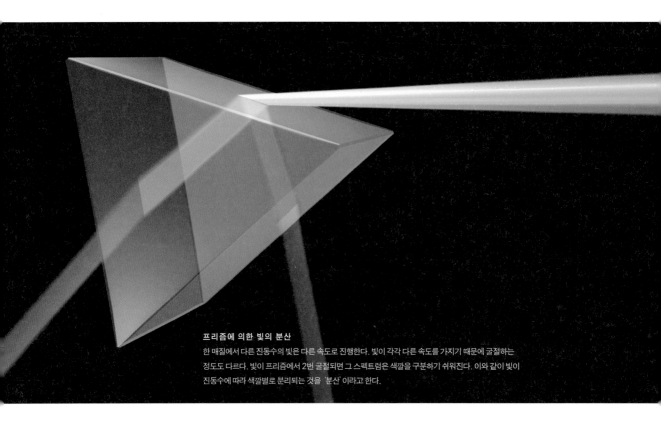

프리즘에 의한 빛의 분산
한 매질에서 다른 진동수의 빛은 다른 속도로 진행한다. 빛이 각각 다른 속도를 가지기 때문에 굴절하는
정도도 다르다. 빛이 프리즘에서 2번 굴절되면 그 스펙트럼은 색깔을 구분하기 쉬워진다. 이와 같이 빛이
진동수에 따라 색깔별로 분리되는 것을 '분산' 이라고 한다.

1년 후 독일의 물리학자 리터 Johann Ritter, 1776~1810는 보라색의 바깥쪽 부분
에 어떤 물질을 놓으면 그 물질의 색이 검게 변한다는 것을 발견하였다.
이러한 사실은 가시광선의 빨간색과 보라색의 바깥쪽에도 눈에 보이지
않는 빛이 태양으로부터 오고 있다는 것을 뜻한다.

빛의 스펙트럼에서 적색 스펙트럼의 끝보다 바깥쪽에 있는 것이 적외
선이다. 적외선이 물체에 닿으면 물체를 구성하고 있는 분자를 빠르게 진
동시킨다. 이러한 진동에 의해 물체의 온도가 상승하게 된다. 물체에서
나오는 적외선을 촬영할 수 있는 카메라 필름은 가시광선보다 적외선에
더 민감하도록 만들어졌다. 또 텔레비전의 리모컨을 누르고 있는 상태를
디지털 카메라로 보면 리모컨에서 빛이 나오는 것을 확인할 수 있다. 이
빛이 바로 카메라로 확인할 수 있는 적외선이다.

적외선은 열 작용이 강해 가열·난방·건조 등에 많이 이용된다. 또 비

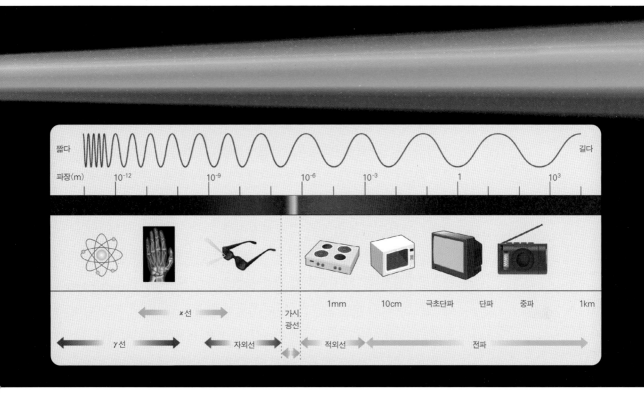

파장(m) 10^{-12} 10^{-9} 10^{-6} 10^{-3} 1 10^{3}

짧다 / 길다

1mm 10cm 극초단파 단파 중파 1km

x선
가시광선
γ선   자외선   적외선   전파

행기 조종사들의 야간 운항을 가능하게도 한다.

빛의 스펙트럼에서 보라색 바깥쪽에 있는 것을 자외선이라고 한다. 자외선의 중요한 방출원은 태양이다. 자외선은 박테리아나 바이러스를 죽이는 살균 작용을 할 뿐만 아니라 몸을 자극하여 비타민 D를 만들기도 한다. 그러나 자외선에 지나치게 노출되면 피부암에 걸리기도 한다.

적외선이나 자외선의 더 바깥쪽에도 눈에 보이지 않는 빛이 있다. 적외선의 바깥에는 텔레비전·라디오·휴대 전화·전자 레인지 등의 전기 기기에 이용되는 빛이 있다. 또 자외선의 바깥에는 x선과 γ선이 존재한다. x선이나 γ선은 의료·공업 분야 등에서 폭넓게 이용되고 있다.

| 빛을 나누는 기준 | 빛에너지는 파동의 형태로 이동한다. 빛의 파동은 전기장과 자기장으로 이루어져 있기 때문에 '전자기파'라고 한다.

파장에 따른 전자기파의 분류
전자기파는 파장에 따라 전파에서 γ선까지 연속적인 스펙트럼으로 나타낼 수 있다. 각 부분을 나타내는 이름은 단지 역사적인 관례에 따른 분류일 뿐이다. 모든 전자기파는 진동수와 파장만 다를 뿐 기본적인 특성은 동일하다.

전자기파는 진공에서도 전파될 수 있다는 점에서 다른 파동과는 다르다. 따라서 전자기파가 이동하는 데에는 매질이 필요 없다. 전자기파는 파동의 진행 방향과 전기장과 자기장의 진동 방향이 서로 수직을 이루는 횡파이다.

전자기파를 분류하는 기준은 파장이다. 전자기파 중에서 가장 긴 파장을 가진 것은 라디오파로 그 길이는 300km에 이르고, 가장 짧은 파장을 가진 γ선의 파장은 3.0×10^{-14}km이다. 전자기파의 속력은 일정하기 때문에 파장이 짧으면 진동수는 커진다. 파장이 짧을수록 1초 동안에 어떤 지점을 지나가는 파동의 수가 많기 때문이다.

전자기파는 진동수를 기준으로 일렬로 세울 수 있는데, 이를 전자기 스펙트럼이라고 한다. 진동수가 작은 라디오파는 전자기 스펙트럼의 왼쪽에 위치한다. 사람이 볼 수 있는 가시광선 영역은 전자기 스펙트럼의 거의 중앙에 위치한다. 진동수가 큰 x선과 γ선은 오른쪽에 위치한다.

라디오파는 라디오 방송국에서 나와 음악을 싣고 우리에게 전달된다. 신호를 잡기 위해서는 방송국에서 오는 파동의 진동수와 같은 진동수에 라디오를 맞추어야 한다. 소리를 전자기파에 싣는 방식에 따라 AM^{Amplitude Modulation, 진폭 변조}과 FM^{Frequency Modulation, 주파수 변조}으로 구분한다. 텔레비전에서 영상은 FM파, 소리는 AM파를 이용하여 전송한다. AM파

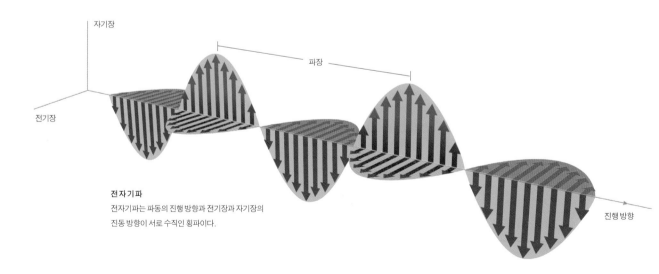

전자기파
전자기파는 파동의 진행 방향과 전기장과 자기장의 진동 방향이 서로 수직인 횡파이다.

는 FM파보다 파장이 길기 때문에 물체들 사이에서 쉽게 휘어지므로 잘 전달된다. 텔레비전에서 영상은 보이지 않고 소리만 들리는 경우가 간혹 있는데, 이것은 소리를 실은 AM파가 잘 전달되기 때문이다.

라디오파보다 파장이 짧은 마이크로파도 통신에 이용된다. 특히 마이크로파는 금속이나 나무와 같은 특정 물질에서 반사하기 때문에 물체의 위치를 찾거나 속력을 측정하는 레이더에 이용된다. 물은 마이크로파를 흡수하여 가열되기 때문에 전자 레인지에서 음식물을 데우는 데 이용하기도 한다.

전자 레인지
전자 레인지는 2450MHz, 즉 1초에 24억 5,000만 번 진동하는 마이크로파를 발생시켜 음식물 속에 들어 있는 물 분자를 진동시켜 조리한다.

가시광선 속의 각 색깔은 빨강·주황·노랑·초록·파랑·남색·보라색으로 되어 있는데, 이들은 서로 다른 진동수를 가진다. 예를 들어, 파장이 가장 짧은 보라색의 진동수는 $7.5 \times 10^{14} \mathrm{Hz}$ 이고, 파장이 가장 긴 빨간색의 진동수는 $4.3 \times 10^{14} \mathrm{Hz}$ 이다.

자외선보다 파장이 짧아 큰 에너지를 가진 전자기파를 x선이라고 한다. x선은 물질을 통과할 수 있어, 이를 이용하면 뼈 사진을 찍을 수 있다. 뼈 속의 칼슘은 근육이나 피부보다 x선을 잘 흡수한다. 따라서 x선 사진을 찍으면 뼈의 상태를 알 수 있다.

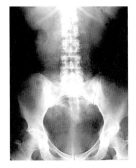

x-ray
x선은 독일의 물리학자 뢴트겐이 발견하였으며, 투과성이 강하여 물체의 내부를 볼 수 있으므로 의료 분야에서 많이 쓰인다.

γ선은 전자기 스펙트럼에서 가장 높은 에너지 영역을 형성한다. 따라서 γ선에 노출되면 인체 기관이 심각하게 변형된다. 가끔 만화나 영화에서 γ선에 노출된 주인공이 엄청난 능력을 갖는 것으로 묘사되기도 한다. 〈헐크〉에서는 브루스 배너가 엄청난 양의 γ선을 쬐고, 〈스파이더 맨〉의 경우는 변이를 통제하기 위해 γ선을 사용하였다. 물론 이 모든 경우는 영화에서나 가능한 일이다. 사실 γ선은 x선과 마찬가지로 화상·암·유전자 변형과 같은 피해를 유발한다.

γ선의 강력한 에너지는 유용하게 이용되기도 한다. 박테리아 제거를 통한 의료 기기의 살균에 쓰이고, 특히 육류나 채소의 신선함을 유지하기 위해 박테리아나 벌레를 제거하는 데 사용되기도 한다. 또한 γ선은 암을 치료하는 데 사용되기도 한다.

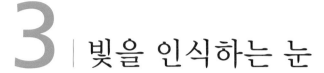

3 | 빛을 인식하는 눈

밤하늘을 아름답게 수놓은 별들, 가을 단풍의 아름다움, 색채의 마술사라 불리는 마티스의 그림 등을 감상할 수 있는 것은 눈을 통해 볼 수 있기 때문이다. 이와 같이 물체의 여러 가지 색깔을 어떻게 구분할 수 있을까?

| 생존하기 위해 물체를 본다 | 이 세상에 검은색·흰색·회색만 존재한다면 얼마나 무미건조할까? 자연은 흥미롭지도 아름답지도 않을 것이다. 온갖 화려한 색으로 아름다움을 연출하는 자연은 우리에게 기쁨을 준다.

꽃이나 새들이 저마다 독특한 색깔을 지닌 이유는 생존에 유리하기 때문이다. 꽃의 색깔은 곤충이나 다른 동물들의 주의를 끌고, 꽃은 이를 생식에 이용한다. 꽃은 벌을 유혹하여 꽃가루를 운반하게 함으로써 생식을 하는 것이다. 이 때 꽃의 색깔은 벌을 유혹하는 역할을 한다. 새들은 자신의 짝을 찾는 데 색깔을 이용한다. 암컷은 아름다운 색깔을 가진 수컷을 자신의 짝으로 선택하는 것이다.

또 사슴과 같은 동물은 육식 동물의 눈에 잘 띄지 않게 하려고 자신의 몸 색깔을 주위 환경이나 배경의 색에 맞추기도 한다.

이렇게 먹이를 찾거나 짝을 찾을 때 중요한 감각 기관이 바로 눈이다. 눈을 통한 감각은 우리가 인지하는 감각의 3분의 2에 이른다.

|우리 몸의 사진기, 눈| 사람의 눈은 빛이 있어야 물체를 볼 수 있다. 눈은 명암과 색을 구별할 뿐만 아니라 멀고 가까움을 알 수 있으며 입체감도 느낄 수 있다. 또한 주위 환경의 밝기에 따라 눈 안으로 들어오는 빛의 양을 조절할 수도 있고 가까운 물체를 보다가도 먼 곳의 물체를 볼 수 있는 조절 능력을 가지고 있다.

사람의 눈은 지름 약 2.5cm의 크기로 앞쪽이 볼록 튀어나온 공처럼 생겼으며 탄력이 있다. 눈의 가장 바깥 부분은 흰색의 공막이 싸고 있으며 그 안쪽에 검은색의 맥락막이 있어 눈동자를 통해서만 빛이 들어가도록 되어 있다. 눈의 앞쪽은 투명한 각막으로 되어 있는데, 빛은 이 각막을 통과하여 그 안쪽에 있는 렌즈 모양의 수정체에 의해 굴절되어 초점이 맞추어져 망막에 상을 맺는다. 망막은 맥락막의 안쪽에 있으며 많은 시세포로 구성되어 있다. 이 곳은 카메라의 필름과 같이 상이 맺히는 곳이다. 이 때 망막에 맺혀진 상은 거꾸로 된 모양이지만 우리의 뇌는 그것을 제대로 된 것으로 인식한다.

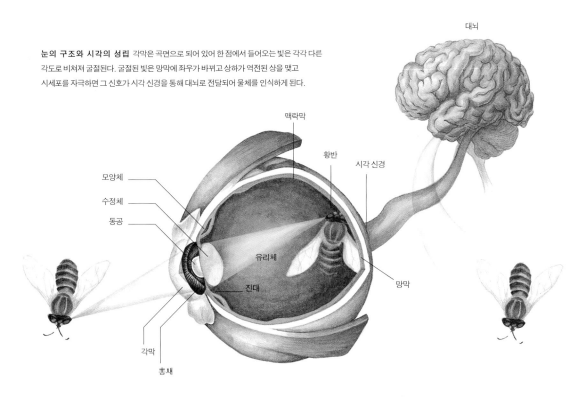

눈의 구조와 시각의 성립 각막은 곡면으로 되어 있어 한 점에서 들어오는 빛은 각각 다른 각도로 비쳐저 굴절된다. 굴절된 빛은 망막에 좌우가 바뀌고 상하가 역전된 상을 맺고 시세포를 자극하면 그 신호가 시각 신경을 통해 대뇌로 전달되어 물체를 인식하게 된다.

대뇌

맥락막

황반

시각 신경

모양체

수정체

동공

유리체

망막

진대

각막

홍채

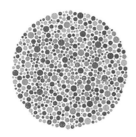

정상인이 본 색맹 검사표

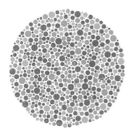

적록 색맹인 사람이 본 색맹 검사표

| 눈에 시세포가 있어야만 하는 이유 | 망막에는 빛의 자극을 받아들이는 시세포가 있는데, 여기에는 원뿔 모양의 원추 세포와 막대모양의 간상 세포가 있다. 원추 세포는 망막의 중앙 부위에 많이 분포하고 있으며, 밝은 빛에서 물체의 색깔과 형태를 식별하는 기능을 한다. 간상 세포는 어두운 곳에서 약한 빛을 감지하지만 색깔은 구분하지 못한다. 그래서 밤에는 물체의 색깔을 제대로 구분하지 못하고 흑백으로 보이는 것이다. 간상 세포에는 비타민 A에서 생긴 로돕신이라는 물질이 있어 빛을 감지할 수 있다. 로돕신은 빛을 받으면 분해되어 시각 신경을 자극하고, 이 자극이 대뇌에 전달되어 물체를 인식한다.

원추 세포도 빛에 의해 흥분하고 시각 신경을 통해 대뇌로 신호를 전달하여 물체를 인식하는 기능은 간상 세포와 비슷하다. 그러나 원추 세포는 로돕신을 가지고 있지 않고 대신에 각각 3가지 색깔의 빛에 반응을 보이는 3가지 종류의 세포가 있다. 이들 세포는 각각 적색·청색·녹색의 빛을

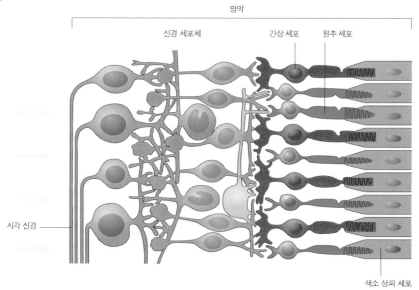

망막의 구조 망막을 구성하는 시세포는 명암을 구분하는 간상 세포와 색깔을 구분하는 원추 세포로 이루어져 있다. 간상 세포는 약한 빛을 감지하고, 원추 세포는 강한 빛을 감지한다. 원추 세포는 색을 빨강, 파랑, 초록으로 구분하는 3종류로 이루어져 있다. 간상 세포와 원추 세포가 빛에 의해 자극을 받으면 그 앞에 있는 신경 세포로 흥분이 전달되고 그 흥분은 대뇌로 전달되어 물체의 색깔과 명암을 구분한다.

받으면 분해 반응을 보이는 물질을 가지고 있다. 이들 원추 세포 중 어떤 색깔의 빛을 얼마나 흡수하는가에 따라 원추 세포에서 대뇌로 흥분이 전달되는 것이 달라지고, 대뇌가 인식하는 빛의 색도 달라진다. 대부분의 사람들은 150~200가지 정도의 색깔을 구분할 수 있으나 예외도 있다. 한 예로 원추 세포에 이상이 생긴 색맹을 들 수 있다. 색맹에는 완전 색맹과 부분 색맹이 있는데, 완전 색맹은 전혀 색 감각이 없어 사물이 모두 흑백으로만 보이며, 부분 색맹은 일부 색을 구별하지 못한다. 적색과 녹색을 구별하지 못하는 적록 색맹이 여기에 해당한다.

| 눈의 조절 작용 | 우리의 눈에 빛을 비추면 동공이 작아진다. 강한 빛을 눈에 비추면 순간적으로 물체를 인식할 수 없다. 이럴 경우에는 빛의 양을 조절해야 하는데 홍채가 이 역할을 한다. 홍채는 확장하거나 수축함에 따라 동공의 크기가 변한다. 따라서 밝은 곳에서는 홍채를 확장하여 동공을 작게 한다. 홍채의 반응은 반사적으로 일어난다. 반대로 어두운 곳에서는 홍채를 축소하여 동공을 크게 만들어 좀더 많은 빛을 받아들인다. 동공이 빛 외에도 화가 났거나 공포 혹은 약물에 의해 확대될 수도 있다.

어두운 곳

밝은 곳

홍채의 조절 작용
홍채는 눈으로 들어오는 빛의 양을 조절함으로써 카메라의 조리개와 같은 역할을 한다. 밝은 곳에서는 동공을 작게 하고 어두운 곳에서는 동공을 크게 하여 빛의 양을 조절한다.

영화관에 들어가면 처음에는 깜깜해서 아무것도 보이지 않는다. 그러나 잠시 후면 어두운 곳에 적응하여 주위 물체를 잘 판별할 수 있다. 밝은 곳에 있을 때 간상 세포에는 빛에 반응하는 물질인 로돕신이 모두 분해되어 로돕신이 남아 있지 않는다. 따라서 밝은 곳에 있다가 어두운 곳에 들어갔을 때는 처음에는 아무것도 볼 수 없다. 어두운 곳에서는 빛의 세기가 간상 세포의 로돕신을 모두 분해시키지 못하므로 로돕신이 새로 생기게 되고 그것에 의해 시각 신경이 자극을 받아 물체를 인식할 수 있게 된다. 박쥐와 올빼미 등 야행성 동물은 간상 세포에 로돕신이 풍부해 밤에만 활동할 수 있고, 낮에는 로돕신이 모두 분해되어 물체를 볼 수 없기 때문에 잠을 자거나 거의 움직이지 않는 것이다.

눈의 조절 기능

근시와 원시, 난시의 교정

우리는 멀리 있는 물체를 보다가도 곧바로 가까운 곳의 물체를 볼 수 있다. 눈에서 수정체의 두께를 조절하여 원근을 조절하기 때문이다. 즉, 가까운 곳을 볼 때 수정체의 두께는 두꺼워지고 먼 곳을 볼 때는 수정체가 얇아진다. 그러나 선천적으로 안구의 길이가 지나치게 길거나 짧으면 상이 망막에 정확하게 맺히지 못하게 되어 근시나 원시가 된다. 또 요즘에는 컴퓨터와 텔레비전을 너무 많이 봐서 근시가 되기도 한다. 근시와 원시, 난시는 어떻게 다를까?

근시 안구 앞뒤 길이가 정상 안구보다 길어 망막 앞쪽에 상이 맺힌다. 따라서 근시인 사람은 가까운 곳에 있는 물체는 잘 볼 수 있지만 어느 한계 이상 먼 곳에 있는 물체를 보는 데는 어려움이 있으므로 오목 렌즈로 교정한다.

오목 렌즈로 교정한 근시

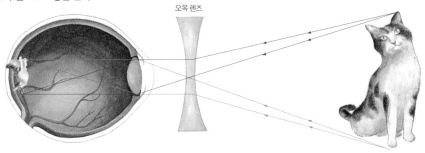

원시 안구 앞뒤 길이가 정상 안구보다 짧아 망막 뒤쪽에 상이 맺힌다. 따라서 원시인 사람은 먼 거리의 물체는 잘 볼 수 있으나 어느 한계 이상 가까운 곳에 있는 물체를 보는 것은 어려우므로 볼록 렌즈로 교정한다.

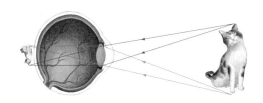

볼록 렌즈로 교정한 원시

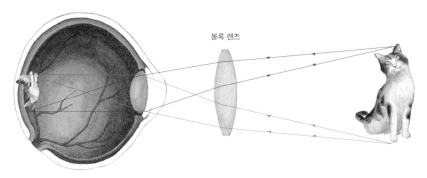

난시 각막과 수정체의 수직, 수평의 불균등한 곡률 때문에 망막에 초점이 정확하게 맺히지 못한다. 따라서 물체의 상이 희미하게 보인다. 이와 같은 눈의 구조적인 결함을 보완하기 위하여 원통형 렌즈를 사용한다.

A축은 정시, B축은 근시로 각 축이 불균등한 곡률을 갖고 있다.

원통형 렌즈로 교정한 난시

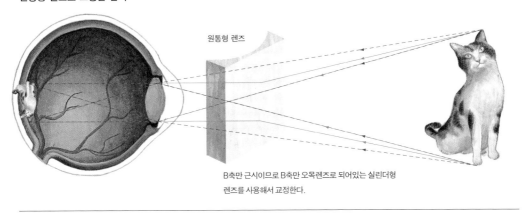

원통형 렌즈

B축만 근시이므로 B축만 오목렌즈로 되어있는 실린더형 렌즈를 사용해서 교정한다.

눈이 2개인 이유

사람의 눈은 얼굴 정면에 2개가 있는데, 두 눈은 중심에서 중심의 거리를 재어 보면 서로 약 6~7cm 떨어져 있다. 떨어진 상태에서 두 눈으로 물체를 보게 되면 두 눈에 맺히는 물체의 영상은 서로 약간 다르게 된다. 왼쪽 눈은 물체의 왼쪽 면을 좀더 많이 보게 되고 오른쪽 눈은 물체의 오른쪽 면을 좀더 많이 보게 되는 것이다. 사람의 뇌에는 눈에서 받아들인 이 정보를 합성하고 해석하는 부분, 즉 '시각령'이 있다. 시각령은 두 눈에서 들어온 영상의 차이를 입체감과 거리감으로 해석한다.

평면 위의 그림을 입체로 보기 위해서는 두 눈으로 보는 것처럼 영상의 차이가 있는 정보를 뇌에 전해주면 된다. 즉, 두 눈의 간격만큼 떨어진 거리에서 촬영한 사진을 동시에 보게 되면, 시선 각도 차이에 의해 뇌는 입체를 보고 있다고 착각하기 때문에 평면 사진을 입체로 볼 수 있다. 이것이 입체 사진이나 입체 영화의 원리이다.

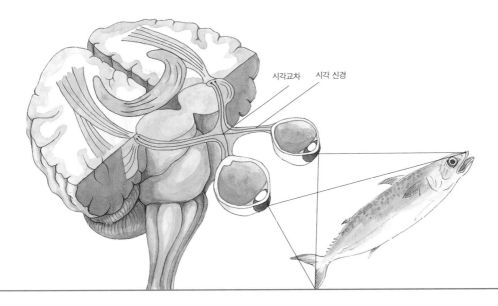

시각교차   시각 신경

4 │ 물질이 내는 빛

세계 여러 나라에서 4년마다 열리는 올림픽 경기의 개막식과 폐막식은 보는 이들의 마음에 감동을 불러일으킨다. 개최 도시마다의 특징을 담고 있는 이 행사에서 빠지지 않고 등장하는 것이 바로 불꽃놀이다. 축제의 시작과 끝을 알리는 밤하늘의 화려한 불꽃은 어떤 원리를 이용한 것일까?

물체가 가열될 때 나타내는 색
쇠와 같은 금속을 가열하여 어느 온도 이상이 되면 붉은색을 띠다가 더 가열하면 주황, 노란색을 나타낸다. 계속 가열하여 매우 높은 온도가 되면 모든 가시광선 영역의 빛을 방출할 수 있기 때문에 백색으로 보인다.

│ **물질의 온도와 빛** │ 물질이 연소될 때 열과 함께 밝은 빛이 발생한다. 아주 오래 전부터 인간은 물질이 연소될 때 나오는 빛을 어두운 곳을 밝히는 등불로 이용해 왔다. 오늘날에도 양초나 횃불 등은 어둠을 밝히는 도구로 사용되고 있다.

한편, 모든 물체는 온도에 따라 다른 빛을 방출한다. 온도가 낮은 물체는 적외선만 방출하기 때문에 눈에 보이지 않는다. 그러나 어느 정도 이상으로 온도가 높아지면 가시광선까지 방출하기 때문에 물체가 방출하는 빛을 볼 수 있다. 예를 들어 쇠로 된 물체를 가열할 때 처음에는 빛이 보이지 않고 단지 뜨거운 열만 느껴지지만, 이 물체를 어느 정도 이상으로 가열하면 붉은색을 띤다.

이 원리를 이용하면 물체가 방출하는 빛의 색으로써 물체의 온도를 추정할 수 있다. 예를 들어 멀리 떨어져 있는 별의 색을 관찰함으로써 별의 표면 온도를 대략적으로 측정할 수 있다. 밤하늘의 별은 모두 흰색으로 보이지만 자세히 관찰해 보면 푸른색에서 백색, 붉은색까지 다양한 색을 나타낸다. 이것은 별의 표면 온도에 따라 다른 빛을 방출하기 때문이다. 태양은 표면 온도가 약 6,000℃ 정도 되는 별로서, 이 온도의 물체가 나타내는 노란색으로 관찰된다. 이처럼 태양이 노란색으로 보이는 것은 노란색 빛만 방출하기 때문이 아니고 노란색 빛을 가장 많이 방출하기 때문이다.

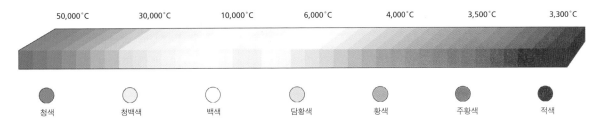

50,000˚C	30,000˚C	10,000˚C	6,000˚C	4,000˚C	3,500˚C	3,300˚C
청색	청백색	백색	담황색	황색	주황색	적색

별의 색과 표면 온도 별은 표면 온도에 따라 다양한 색으로 관찰된다.

| 거리의 가로등이 노란색을 나타내는 이유는? | 소금이 불에 떨어지면 선명한 노란색 불꽃이 일어나는 것을 본 적이 있을 것이다. 소금은 염화나트륨(NaCl)으로 염소(Cl)와 나트륨(Na) 원소로 구성된 물질이다. 그런데 질산나트륨(NaNO₃)이나 탄산나트륨(Na₂CO₃)도 불 속에 넣어 보면 같은 노란색 불꽃을 관찰할 수 있다. 그러므로 노란색의 불꽃색을 나타내는 것은 이들 물질 속에 공통적으로 들어 있는 나트륨 원소 때문임을 알 수 있다. 이처럼 몇 가지의 금속 원소들은 고유의 불꽃색을 나타낸다. 거리의 노란색 가로등은 노란색의 불꽃색을 나타내는 나트륨을 이용한 것이다.

나트륨 가로등

불꽃색을 이용하면 물질 속에 들어 있는 원소들을 확인할 수 있다. 그러나 몇 가지 불꽃색은 거의 비슷하여 눈으로 물질을 확인하는 데 어려움이 따른다. 예를 들어 리튬과 루비듐은 모두 진한 빨간색의 불꽃색을 나타낸다. 이 경우 ＊분광기를 이용하면 두 원소를 구별할 수 있다.

햇빛이나 백열등, 형광등의 빛을 분광기로 관찰하면 아름다운 무지개색이 연속적으로 나타나는 띠를 관찰할 수 있는데, 이것을 연속 스펙트럼이라고 한다. 한편, 물질의 불꽃색을 분광기로 관찰하면 물질마다 독특한 선의 띠(선 스펙트럼)를 나타내기 때문에 같은 불꽃색을 나타내더라도 구별할 수 있다. 독일의 과학자 분젠은 온천에서 흘러나오는 물이 나타내는 불꽃색을

분광기
백색의 햇빛이 프리즘을 통과하면 여러 가지 색으로 나누어지는 것처럼 빛을 개개의 성분으로 나누는 도구이다.

분광기로 관찰한 결과 세슘(Cs)과 루비듐(Rb) 원소를 발견하였다.

| 원소의 불꽃색은 전자들의 이동이 결정한다 | 원자 내의 전자는 불연속적인 특정한 에너지 준위에 배열되어 있다. 이 때 전자들이 원자핵에 가까운 낮은 에너지 준위에 놓여 있을 때 가장 안정적이다. 즉, 보통의 상태에서는 전자들이 안쪽의 에너지 준위부터 채워진 배열을 이루는데, 이런 상태를 '바닥상태$^{ground\ state}$'라고 한다. 그러나 원자에 에너지가 가해지면 바닥상태의 전자가 에너지를 흡수해서 높은 에너지 준위로 이동하게 된다. 이런 상태를 '들뜬상태$^{exited\ state}$'라고 한다. 들뜬상태는 매우 불안정하기 때문에 전자들이 들뜬상태와 바닥상태의 차이에 해당하는 에너지를 방출하면서 다시 바닥상태로 되돌아가려고 한다. 이 때 가시광선 영역의 에너지를 빛으로 방출하면 우리는 그 빛을 볼 수 있다. 그런데 전자들은 원소에 따라 특정한 에너지 준위 사이에서만 이동을 하기 때문에 방출하는 에너지가 원소에 따라 다르다. 그 결과 원소에 따라 여러 가지 다른 색깔의 빛을 내는 것이다. 예를 들어 나트륨 원자 내의 전자는 들뜬상태에서 바닥상태로 되돌아갈 때, 노란색에 해당하는 에너지를 빛으로 방출한다.

빛을 내는 원리
바닥상태의 전자가 에너지를 흡수하여
들뜬상태가 되었다가 다시 바닥상태로
내려오면서 방출하는 에너지가 특정
가시광선 영역의 파장을 가질 때 빛의
색을 관찰할 수 있다.

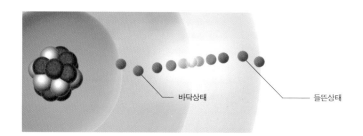

바닥상태   들뜬상태

원소의 불꽃색
몇 가지 금속 원소들을 불꽃에 넣으면
독특한 불꽃색을 나타내므로
원소들을 확인하는 데 이용할 수 있다.

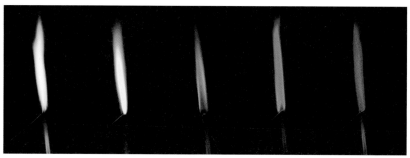

구리 - 청록색   나트륨 - 노란색   리튬 - 붉은색   칼륨 - 연보라   스트론튬 - 진한 빨강

불꽃놀이의 비밀

불꽃놀이, 즉 폭죽은 화약의 발명에서 시작되었다. 화약의 기본 원리는 몇 가지 물질을 섞어 폭발적으로 연소가 일어나게 하는 것이다. 그러므로 불꽃놀이의 기본 원리는 연소 반응에서 발생하는 밝은 빛을 이용하는 것으로 볼 수 있다.

마그네슘(Mg)을 사용하면서부터는 멀리서도 밝은 빛의 불꽃을 볼 수 있게 되었다. 마그네슘은 연소할 때 매우 밝은 빛을 내는 물질로, 카메라의 플래시 빛을 발생시키는 데 사용하던 물질이다. 오늘날 불꽃놀이의 불꽃이 유난히 빛날 수 있는 것은 과염소산칼륨($KClO_4$)이 많은 산소를 발생하게 하여 물질들이 잘 연소되도록 도와 주기 때문이다.

그러나 불꽃놀이의 아름다움은 무엇보다도 그 화려한 색이 좌우한다. 여기에는 바로 원자 내의 전자가 들뜬 상태에서 바닥상태로 되돌아갈 때 에너지를 방출하는 원리가 적용된다. 이처럼 불꽃놀이의 밝고 아름다운 불꽃은 화약, 색을 내는 금속 원소가 들어 있는 화합물, 밝은 빛을 낼 수 있는 몇 가지 물질을 섞어서 폭발시켰을 때 만들어지는 것이다.

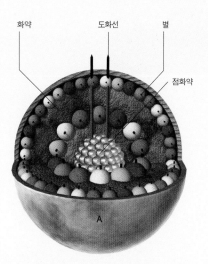

도화선에 불붙은 A가 공중으로 쏘아 올려지면 화약이 폭발하면서 별이 사방으로 흩뿌려진다. 별에는 다양한 색의 빛을 낼 수 있는 물질이 섞여 있기 때문에 화약과 함께 폭발하면서 여러 가지 색의 밝은 빛을 내는 것이다.

5 | 빛과 생물

식물은 햇빛이 강한 여름에 잘 자란다. 해바라기는 햇빛을 향해 자라고, 불나방은 불빛을 향해 날아간다. 그러나 불나방은 자기도 모르게 불빛에 너무 가까이 다가가다가 결국 타 죽어 버리는 운명을 맞이하고 만다. 빛과 생물은 어떤 관계에 있을까?

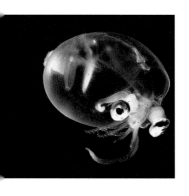

심해 생물
심해에서는 먹이가 부족하고 수압이 높아 물고기들은 크기가 작고 유영 속도가 매우 느리다. 높은 수압으로 눈이 튀어나온 물고기들도 많으며, 심해에는 빛이 도달하지 않아 아주 약한 빛을 이용하거나, 빛과 무관하게 사는 어류들이 많다.

│ **빛이 없어도 생물들은 살아갈 수 있을까?** │ 우리 나라는 석회암 동굴이 많이 발달해 있다. 수많은 굴곡과 아름다운 형상을 간직한 깊숙한 동굴에도 곤충들이 산다. 아주 캄캄한 동굴 안을 우리가 관람할 수 있는 것은 조명 시설을 갖춰 놓았기 때문이다. 깊은 바닷속은 어떨까? 너무 깊어 빛이 도달하지 못하는 바닷속에서도 물고기가 산다. 그러면 빛이 없어도 생물들은 살아갈 수 있을까?

생물들은 빛이 없는 곳에서 살 뿐이지 빛이 없어도 살 수 있는 것은 아니다. 동굴의 깊숙한 곳에는 박쥐와 같은 동물들이 산다. 박쥐가 동굴 밖에서 빛을 이용해서 살아가는 식물이나 동물로부터 양분을 얻어 동굴 안으로 들어오고, 동굴의 곤충들은 박쥐가 떨어뜨린 배설물을 먹고 산다.

깊은 바닷속의 경우도 마찬가지다. 심해어의 경우 바다 표면 근처에서 살던 물고기가 죽어 바닥으로 가라앉으면 이것을 먹으며 산다.

│ **식물은 빛을 이용해 양분을 만들어 살아간다** │ 해바라기는 빛을 향해 자라기 때문에 그런 이름이 붙여졌다. 하지만 해바라기가 항상 해를 향해 있는 것은 아니다. 해바라기가 싹이 터서 꽃이 피기 전까지는 해를 따라 움직인다. 그러나 꽃잎이 나오기 시작하면 줄기의 움직임은 점점 줄어든다. 이런 반응은 해바라기뿐만 아니라 많은 식물에게서도 나타난다.

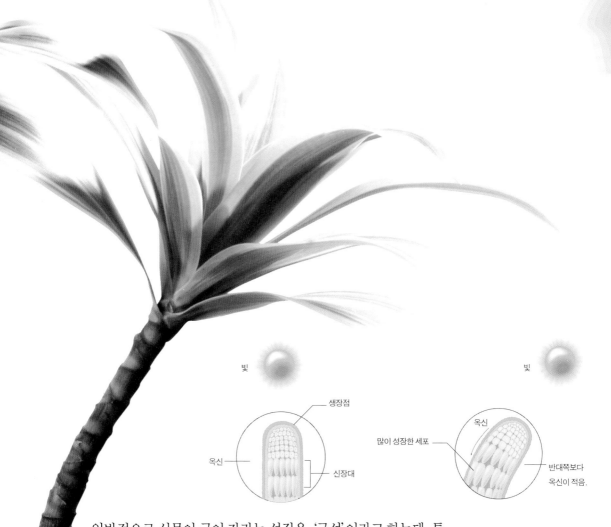

빛

생장점

옥신

신장대

빛

옥신

많이 성장한 세포

반대쪽보다
옥신이 적음.

일반적으로 식물이 굽어 자라는 성질을 '굴성'이라고 하는데, 특히 빛에 대해 굽어 자라는 성질을 '굴광성'이라고 한다.

식물의 줄기와 잎은 빛이 비추는 쪽으로 굽어 자라고, 뿌리는 빛의 반대 방향으로 굽어 자란다. 식물 줄기의 끝 부분에서는 *옥신이라는 호르몬을 만드는데, 옥신이 많이 있으면 세포가 길어진다. 또한 옥신은 빛을 받으면 빛의 반대쪽으로 이동한다.

따라서 빛을 받은 쪽은 조금 자라고 반대쪽은 많이 자라게 되어 식물의 줄기가 햇빛 쪽으로 굽어 자라게 되는 것이다.

그러면 식물들은 왜 빛을 향해 굽어 자랄까? 식물이 빛 쪽으로 향했을 때 더 많은 빛을 흡수할 수 있으므로 광합성을 통해 더 많은 양분을 얻을 수 있기 때문이다. 식물이 하늘을 향해 높이 자라는 것도 광합성을 할 수 있는 빛을 좀더 많이 확보하기 위해서이다.

옥신

식물 세포의 성장을 촉진하는 식물 호르몬의 일종이다. 옥신은 세포벽을 느슨하게 만들고, 세포막의 투과성을 높이며 세포 분열을 촉진한다. 제초나 낙화 방지 등에 합성 옥신이 많이 쓰인다.

| 빛을 좋아하는 동물과 싫어하는 동물 | 여름철에는 나방이나 모기떼의 극성으로 무더운 날씨에도 불구하고 문을 꼭꼭 닫을 수밖에 없다. 이들 곤충들은 왜 불빛만 보면 모여드는 것일까? 반면 바퀴벌레나 귀뚜라미 같은 곤충들은 빛을 피해 어두운 곳으로 쏜살같이 달아난다.

동물이나 움직일 수 있는 미생물은 외부에서 주어지는 자극에 따라 이동하는 반응을 보이기도 한다. 이러한 성질을 '주성'이라고 하는데, 빛을 쪼여 주었을 때 이동하는 성질을 특히 '주광성'이라고 한다.

보통 모기나 나방과 같은 날벌레들은 주변보다 더 밝은 빛이 있는 곳으로 이동하는 성질이 있다. 그래서 어두운 밤거리를 환하게 비추는 가로등으로 날벌레들이 모여드는 것이다. 여름철에는 날벌레들의 주광성을 이용해 해충을 퇴치하는 기구도 쉽게 볼 수 있다. 푸른색 불빛을 내는 전등이 그것이다. 날벌레들은 푸른색 불빛으로 되어 있는 자외선에 가장 민감하게 반응한다. 또 전등 주변에는 약 80V의 전기가 통하고 있다. 이 전등이 모기나 나방 등의 날벌레를 유인하면 벌레들은 전등 주변에 흐르는 전기에 감전되어 타 죽는다.

▼ 오징어 잡이 배
오징어나 멸치, 고등어 등은 밝은 빛을 향해 모여든다. 그래서 오징어를 잡을 때 대낮같이 전등을 환하게 밝혀 주는 것이다.

어류 중에서는 오징어나 멸치, 고등어 등이 밝은 빛을 향해 모여든다. 먼 바다에서 여러 개의 전등을 켜서 주위를 대낮같이 밝혀 놓고 고기잡이를 하는 배들을 본 적이 있을 것이다. 이 전등들은 빛을 향해 모이는 오징어를 잡기 위해 켜 놓은 것들이다.

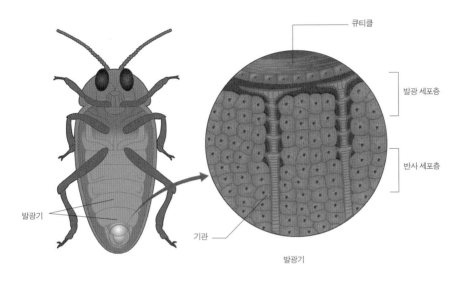

반디의 발광 반디의 배마디 부분에는 연한 노란색의 빛을 내는 기관이 있다. 이 빛은 루시페린이라는 물질이 루시페레이스라는 효소에 의해 산소와 반응해서 일어나는 것이다. 빛의 색깔은 보통 노란색 또는 황록색이며 파장은 500~600㎚이다.

착시 현상으로 생긴 일들

제주도의 도깨비 도로

제주도에는 내리막길에 세워 둔 자동차가 위로 올라가는 도깨비 도로가 있다. 신혼 여행을 온 부부가 기념 사진을 찍으려고 차를 세워 두었는데 차가 슬금슬금 올라가는 게 아니가. 이 사실이 알려지면서 이 도로는 신비의 도로로 유명해져 많은 관광객이 몰려들었고, 지금도 제주도를 찾는 사람들은 꼭 한 번 들르는 명소가 되었다. 이 도깨비 도로의 실체는 무엇일까?

사물의 크기나 색깔 같은 성질은 눈으로 보았을 때 본래의 모습과 차이가 나는 경우가 있다. 이런 경우를 시각적인 착각 현상, 즉 착시라고 한다. 도깨비 도로의 진실은 착시 현상에 있었다. 제주도 도깨비 도로의 경사도를 실제로 조사해 보면 오르막길이었다. 하지만 주변 지형의 영향으로 사람들의 눈에는 내리막길로 보였던 것이다.

여러 가지 재미있는 착시 현상

착시에 의한 재미있는 현상은 우리 주변에서 쉽게 찾아볼 수 있다. 다음 그림을 보고 착시가 일어나는 이유를 함께 생각해 보자.

Q 벽돌은 기울어지게 쌓여 있는가?

A 벽돌이 평행하지 않고 기울어지게 쌓여 있는 것 같지만 자로 대어 보면 모두 평행하다.

Q 한쪽 눈을 가리고 새의 눈을 30초 동안 뚫어지게 바라본 다음, 새장 안에 찍힌 점을 보면 무엇이 나타나는가?

A 새장 안에 검은색의 유령 새가 보이게 된다.

Q 작은 원들에 둘러싸인 원과 큰 원들에 둘러싸인 원 중에 어느 쪽이 더 클까?

A 같은 크기의 원이 각각 중심에 있지만, 작은 원들에 둘러싸인 원이 큰 원들에 둘러싸인 원보다 크게 보인다.

Q 4개의 긴 선분은 모두 휘어져 있을까?

A 각각의 선분이 모두 곡선으로 보인다. 하지만 자를 대어 보면 선분은 모두 직선이다.

Q 모자의 높이와 챙의 폭 중 어느 것이 더 길까?

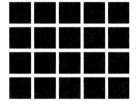

A 모자의 높이가 챙의 폭보다 훨씬 길어 보이지만 자로 재어 보면 두 선분의 길이는 같다.

Q 이와 같은 구조물을 실제로 만들 수 있을까?

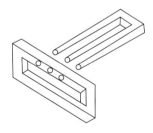

A 손으로 선을 짚어서 따라가 보면 그림의 안팎이 연결된 것을 알 수 있다. 따라서 그림과 같은 구조는 실제로 만들 수 없다.

Q 검은 사각형 사이에 무엇이 보이는가?

A 검은 사각형들이 그 사이에 있는 흰색의 선에 영향을 주어 사각형 사이에 회색의 점이 나타났다가 사라진다.

Q 가까운 곳에서 코코넛을 바라보자. 어떻게 보이는가?

A 코코넛은 빙글빙글 돌아가는 것처럼 보인다.

Q 세로로 평행해 있는 선분은 휘어져 있을까?

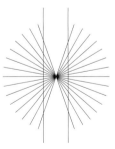

A 평행하고 있는 두 선은 밖으로 볼록하게 휘어져서 보인다. 하지만 자를 대어 보면 각각의 선분은 직선이다.

Q 하얀 점의 위치가 정말로 위 꼭지점에 더 가까울까?

A 눈으로 볼때는 삼각형에 있는 하얀 점이 위 꼭지점에 가까워 보이지만 자를 대보면, 위아래의 거리의 차이는 같다.

사람이 시각을 통해 어떤 물체를 보고 판단하는 것은 단순한 과정이 아니다. 빛이 동공에서 굴절되어 망막에 도달하면 망막에 있는 세포는 빛의 파장에 따라 다른 반응을 일으킨다. 이 세포를 원추 세포라고 하는데, 여기에는 3종류가 있어 각각 빨강(R)·초록(G)·파랑(B)의 빛에 자극을 받아 활성화된다. 예를 들어 귤이 노란색으로 보이는 것은 빨강과 초록에 반응하는 원추 세포가 활성화된 것이며, 흰색은 3가지 세포가 모두 활성화된 것이다. 사람의 눈은 3가지 세포의 상대적인 활성화 정도에 따라 여러 가지 색깔을 인식하게 된다. 그런데 이 세포들이 같은 자극에 언제나 같은 반응을 하는 것은 아니다. 같은 자극을 계속적으로 주면 자극의 강도에 비하여 반응의 강도가 약해진다.

예를 들어 빨간색을 계속 보고 있다가 흰 면을 보면 빨간색의 보색이 보인다. 이것은 빨간색만 계속 보면 망막에 있는 빨간색 감지 세포의 반응이 둔화되고 상대적으로 빨간색과 반대인 파란색 감지 세포가 예민해진다. 그런데 이러한 상태에서 갑자기 밝은 부분을 응시하면 모든 파장의 빛이 고르게 망막에 가지만 빨간색 감지 세포가 반응을 약하게 하고, 다른 색 감지 세포가 예민하게 반응하므로 빨간색과 보색 관계에 있는 파란색으로 보이게 되는 것이다.

관찰은 시각과 같은 감각 기관에 의해서만 이루어지는 것이 아니라 인지적 과정을 거쳐서 이루어지는 것이므로 외부에서 오는 정보가 변형될 가능성도 있다. 예를 들어 덮개로 덮여 있는 두 양동이를 들어 올린다고 해 보자. 한 양동이는 작지만 모래로 가득 차 있다. 다른 하나는 훨씬 크지만 작은 양동이에 들어 있는 것과 같은 양의 모래가 들어 있다. 이 두 양동이를 들어 무게를 짐작해 보라고 하면 대부분의 사람들은 작은 양동이가 더 무겁다고 할 것이다. 이러한 착오는 양동이의 크기를 보고 작은 양동이가 가벼울 것이라 예상했는데, 생각과는 달리 무거워 놀란 나머지 작은 양동이의 무게를 과대 평가하게 되기 때문이다.

이와 같이 관찰은 우리의 감각 기관과 인지 구조에 의해서 이루어지며, 감각 기관에 의해서도 외부로부터 오는 정보가 변형되어 등록되고 감각 기관에 등록된 정보가 뇌에 전달되어 인식되는 과정에서도 기존의 인지 구조에 의해서 재해석된다는 것을 알 수 있다.

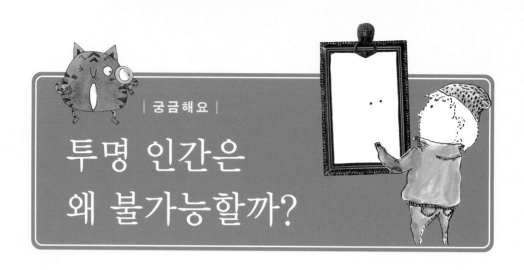

투명 인간은
왜 불가능할까?

누구나 한 번쯤은 투명 인간에 대한 상상을 해 본 적이 있을 것이다. 다른 사람들에게 나의 존재가 보이지 않게 된다면 얼마나 자유롭게 행동할 수 있을까? 영화나 소설에서는 투명 인간에 대한 사람들의 꿈이 실현되었다. 그렇다면 과연 현실에서도 투명 인간이 존재할 수 있을까?

과학적으로 따져 볼 때 투명 인간처럼 불쌍한 사람도 없다. 우선 투명 인간은 맹인일 수밖에 없다. 사람이 사물을 보는 데 반드시 필요한 요소는 수정체·망막·시각 신경이다. 외부 사물의 모습은 렌즈 역할을 하는 수정체를 거쳐 망막에 영상으로 맺힌다. 이 영상 자료가 시각 신경을 통하여 뇌로 전달될 때 비로소 물체를 보게 되는 것이다. 이 중에서 수정체와 시각 신경은 투명해도 상관이 없지만, 망막은 절대로 투명해서는 안 된다. 외부 사물의 모습이 영상으로 맺혀야 볼 수 있는데, 투명하면 상이 맺히지 않기 때문이다. 즉 투명 인간이 옷을 벗어 알몸이 되더라도 맹인이 아닌 이상 눈은 다른 사람들에게 발견되고 말 것이다.

또 끼니를 잇는 것도 쉽지 않다. 음식물은 소화 과정을 거쳐 완전히 배설되기 전까지는 항상 몸 안에 남아 있다. 만약 투명한 모습으로 외출하고 싶다면 먼저 위장이 깨끗이 비었는가를 확인해야 한다. 음식물은 신체의 일부가 아니기 때문이다. 게다가 방광에서는 수시로 오줌이 만들어지므로 이것도 그때그때 몸 밖으로 배출해야 한다.

투명 인간이 은행을 털려고 마음먹었다 하더라도 쉬운 일은 아니다. 사람의 몸에는 체온이 있고, 투명 인간이 되더라도 체온을 숨길 수는 없기 때문이다. 비밀 금고에 몰래 들어가더라도 신체에서 발산되는 적외선 때문에 적외선 감지기에 걸리고 만다. 또 완벽하게 투명해지기 위해서는 몸에 달라붙는 미세한 먼지들을 계속 털어 내야 한다. 투명 인간으로 남기 위한 조건은 이처럼 까다롭기 그지없다.

이와 같이 투명 인간은 과학적으로는 불가능에 가깝지만 문학 속에서는 다양한 형태로 구현되었다. 투명 인간이라는 개념이 일반인들에게 널리 알려진 것은 1897년에 영국의 작가 조지 웰스Herbert George Wells, 1866~1946가 《투명 인간》이라는 소설을 발표하면서부터이다. 이 소설은 한 과학자가 인체의 세포를 투명하게 만드는 기술을 개발하는 것에서 출발한다. 그는 자신을 대상으로 투명 인간 실험을 성공시키고 투명 인간이 되지만 그 부작용으로 차츰 본성을 잃고 미쳐 가기 시작한다. 보이지 않는 범인이 저지르는 살인으로 세상은 공포에 휩싸이게 된다. 이 소설은 1933년에 영화로도 만들어져 많은 사람들의 주목을 받았다. 영화의 마지막 장면에서 투명 인간은 사람들에게 쫓기면서 눈 위에 발자국을 남겨 사살되고 만다. 그런데 발자국은 이상하게도 구두 발자국이었다.

이후 투명 인간을 주인공으로 등장 한 영화는 많이 발표되었다. 앞서 말한 과학적 측면을 비교적 적절하게 살린 영화는 투명 인간의 사랑(Memoirs of an Invisible Man)이다.

투명 인간을 소재로 한 영화
〈투명 인간의 사랑〉 포스터.

4 | 날씨

1 | 대기권

아폴로 11호의 우주 비행사들이 달에서 본 하늘은 지표에서 바라본 파란 하늘과 달리 낮에도, 밤에도 검은색이었다고 한다. 달에서 보는 하늘과 지구에서 보는 하늘의 색이 서로 다른 이유는 무엇일까?

지표에 떨어진 운석
운석이 지표에 떨어지는 동안
대기와의 마찰로 대부분의 물질은
불에 타서 없어지고 철 성분이 남기
때문에 크기는 작지만 매우 무겁다.

| 대기, 지구를 지켜 주는 방패 | 대기는 지구 표면을 둘러싸고 있는 기체로, 이 기체의 층을 '대기권'이라고 한다. 대기는 지상에서 약 1,000km 높이까지 분포하는데, 중력의 영향으로 대부분 지표 부근에 몰려 있으며, 전체 대기의 99%가 지상 32km 높이까지 모여 있다.

지구에 대기가 없다면 어떤 일이 일어날까? 지난 2004년 6월, 뉴질랜드의 한 가정집에 자몽 크기만한 *운석이 떨어져서 화제가 된 적이 있다. 운석이 떨어질 당시 굉음과 함께 많은 먼지가 발생했다고 전해지며, 지붕을 뚫고 떨어진 운석은 처음에는 뜨거워서 만질 수도 없었다고 한다. 이 운석이 대기권에 진입하기 전에는 농구공만한 크기에 약 15km/s의 속도를 가지고 있었을 것으로 추정되고 있다. 운석이 다 타 버리지 않은

채 지구에 떨어질 확률은 약 10억분의 1이라고 한다. 만약 그보다 더 큰 규모의 운석이 엄청난 속도로 지구에 충돌한다면 그 피해는 엄청날 것이다. 대부분의 운석은 떨어지는 동안 대기와의 마찰로 불에 타서 없어지기 때문에 지상의 생물체들은 비교적 안전하게 살아갈 수 있는 것이다.

이처럼 지구의 대기는 운석이 충돌하는 것을 막아 주는 보호막 역할을 한다. 뿐만 아니라 생물이 살아가는 데 필요한 산소를 공급해 주고, 인체에 해로운 자외선을 차단해 준다. 또 ※온실 효과를 통해 지표에서 방출되는 열이 우주로 나가는 것을 막아 주어 지표를 따뜻하게도 해 주고 지구의 온도를 일정하게 유지시켜 준다. 이처럼 대기층은 지구상의 생명체에 안전한 삶의 터전을 제공해 주고 있다.

| 대기 중에 가장 많은 기체는 질소 | 우리가 숨 쉬고 있는 대기는 수증기를 비롯한 여러 가지 기체들이 서로 섞여 있다. 이 때 수증기를 제외한 기체들의 집합을 건조 공기라고 한다. 건조 공기를 구성하는 기체들의 성분비는 대체로 일정하다. 이 중에서 질소(N_2)가 약 78%로 가장 많은 양을 차지하고, 그 다음으로 산소가 전체 대기의 5분의 1 정도인 약 21%를 차지하고 있으며, 나머지 1%를 아르곤·이산화탄소·헬륨 등이 차지한다.

지표 부근의 대기는 기체들의 잦은 충돌로 인해 비교적 고르게 섞여 있지만 상공에서는 기체들의 성분비가 일정하지 않다. 지상에서 30km 이

운석
유성체가 대기 중에서 완전히 소멸되지 않고 지상에까지 떨어진 광물을 가리킨다. 쉽게 말해 운석은 땅에 떨어진 별똥별이다.

온실 효과
지구의 대기는 지표면에서 방출되는 복사열을 흡수하여 기온을 상승시키는 역할을 한다. 이와 같이 지구의 대기에 의한 보온 효과를 '온실 효과' 라고 한다.

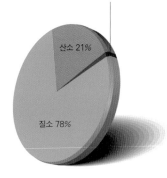

아르곤·이산화탄소·기타 1%

산소 21%

질소 78%

공기를 구성하는 기체의 부피비
질소와 산소가 대기의 대부분을 차지하고 있으며, 나머지 기체들이 약 1%를 차지한다.

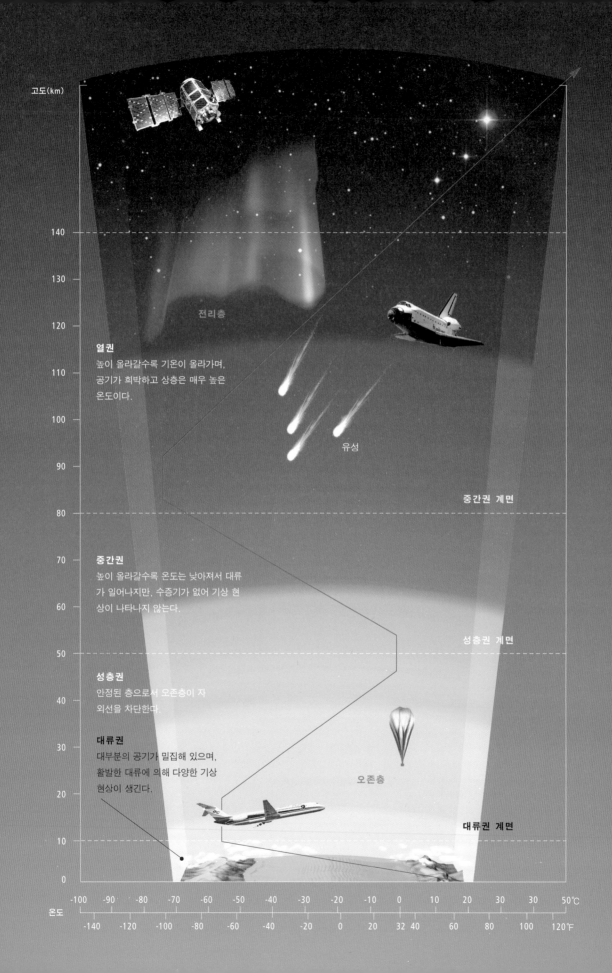

고도(km)

140

130

120

전리층

110
열권
높이 올라갈수록 기온이 올라가며,
공기가 희박하고 상층은 매우 높은
온도이다.

100

90
유성

중간권 계면

80

70
중간권
높이 올라갈수록 온도는 낮아져서 대류
가 일어나지만, 수증기가 없어 기상 현
상이 나타나지 않는다.

60

성층권 계면

50

성층권
안정된 층으로서 오존층이 자
외선을 차단한다.

40

대류권
대부분의 공기가 밀집해 있으며,
활발한 대류에 의해 다양한 기상
현상이 생긴다.

30

오존층

20

대류권 계면

10

0

온도

| | -100 | -90 | -80 | -70 | -60 | -50 | -40 | -30 | -20 | -10 | 0 | 10 | 20 | 30 | 40 | 50℃ |

| | -140 | -120 | -100 | -80 | -60 | -40 | -20 | 0 | 20 | 32 40 | 60 | 80 | 100 | 120℉ |

상 올라가면 기체의 양이 급격하게 감소하며, 성분비가 일정하지 않다. 상공으로 갈수록 가벼운 기체가 분포하는데, 대기층의 상층부에는 가장 가벼운 수소 기체가 분포한다.

한편, 지표 부근의 대기에 포함되어 있는 수증기는 지표면에서 증발한 것이다. 대기 중에 포함된 수증기의 총량은 무려 13조t에 이르며, 대기 중에서 약 10일 정도 머물게 된다. 대기 중에서 수증기는 쉽게 상태 변화를 일으킨다. 이러한 상태 변화를 통해 구름이나 안개를 만들기도 하고, 비나 눈이 되어 지표면으로 되돌아오기도 한다.

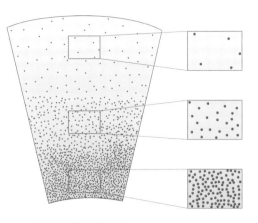

높이에 따른 대기의 밀도
대기는 질량을 가지고 있어 지구 중력의 영향을 받는다. 따라서 지표에서 멀어질수록 중력이 감소하여 대기의 밀도는 급격하게 감소한다.

| 대기권의 층상 구조 | 에베레스트 산은 한여름에도 눈으로 덮여 있다. 높은 산이 평지보다 더 추운 이유는 무엇일까? 지표에서 높은 곳으로 갈수록 기온이 낮아지기 때문이다. 대기층은 지표면에서 방출되는 열에 의해 가열되면서 온도가 상승한다. 따라서 지표에서 멀어질수록 기온이 낮아진다. 고도 약 10~12km에서는 기온이 낮아지는데, 이 구간을 ‘대류권’이라 한다.

그러나 그보다 높은 고도 50km까지는 다시 기온이 상승한다. 고도 약 20~30km에 오존(O_3)기체가 밀집되어 있어 태양의 자외선을 흡수하기 때문이다. 이 구간을 ‘성층권’이라 한다.

한편, 고도 약 50~80km에서는 다시 기온이 낮아져서 대기권 중 최저 기온이 나타나는데, 이 구간을 ‘중간권’이라 한다. 그보다 높은 곳은 태양의 직접적인 영향을 받기 때문에 기온이 계속해서 상승하는데 이 구간을 ‘열권’이라 한다. 열권에서는 공기가 희박해 낮과 밤의 기온차가 매우 크다.

이처럼 대기층을 온도의 분포에 따라 크게 4개의 층으로 구분하고 있지만 다른 방법으로 구분하기도 한다. 고도 약 100km까지는 기체들이 고르게 섞이기 때문에 ‘균질권’, 그보다 높은 곳에서는 공기가 희박하여 잘 섞이지 않기 때문에 ‘비균질권’이라 부르기도 한다.

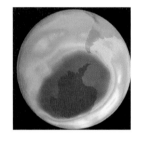

오존O_3
오존은 산소 원자 3개가 모여 이루어진 기체이다. 성층권의 오존은 태양의 자외선을 흡수하기 때문에 지구상의 생물체를 보호하는 역할을 한다. 성층권의 특정 구간에는 오존이 밀집되어 있어 이 구간을 오존층이라 부른다. 성층권의 오존량이 줄어들면 지구에 도달하는 자외선의 양이 증가하여 인류의 건강을 위협하게 되고, 지표를 가열하여 지표면과 하층 대기 온도를 상승시킨다.

| **지구에서 파란 하늘을 볼 수 있는 이유** | 우리는 대기 덕분에 지구에서 파란 하늘을 볼 수 있다. 태양으로부터 나온 빛이 지구의 대기를 구성하고 있는 질소·산소 등과 같은 기체 분자와 부딪치면 여러 색깔의 빛으로 분산되는데, 이 때 파란색이나 보라색 빛이 훨씬 많이 퍼진다. 그래서 하늘이 파랗게 보이는 것이다. 그러나 대류권을 지나 상공으로 이동할수록 대기의 밀도는 급격하게 감소하고 하늘색은 점점 어두워지며, 열권에 이르게 되면 까만 하늘에 별들만 총총히 박혀 있는 모습을 보게 된다.

한편, 우주 공간에서와 달리 지상에서는 별이 반짝거리는 것처럼 관측되는데, 이것 또한 대기 때문이다. 대기는 계속 움직이고 있다. 이 때문에 같은 장소라도 대기의 밀도가 시간에 따라 달라지며, 지구로 들어오는 별빛이 대기 입자에 부딪히면서 굴절하는 정도는 계속 변하게 된다. 따라서 불안정한 대기층 때문에 별빛이 흔들리는 것처럼 보이는 것이다. 바람이 부는 맑은 날일수록 별이 더 반짝거리는 것처럼 느껴지는 것은 이 때문이다.

낮에 보이는 파란 하늘
태양의 고도가 높아지면 햇빛이 대기층을 통과하는 거리가 짧아지며, 파장이 짧은 푸른색 빛이 흩어지면서 파란 하늘을 볼 수 있다.

아침·저녁에 보이는 붉은 노을
태양의 고도가 낮아지면 햇빛이 대기층을 지나는 거리가 길어지며 파장이 긴 붉은색 빛만 주로 남아 하늘이 붉게 물드는 것을 볼 수 있다.

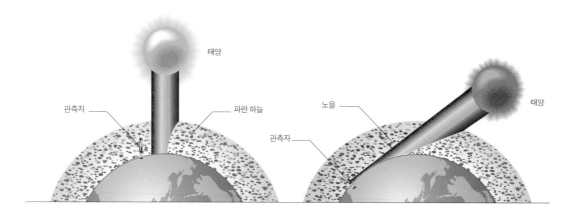

밤하늘의 매직쇼 — 극지역의 루미나리에 오로라

지구 자기장의 영향으로 양극 지역에는 태양에서 방출된 전기를 띤 대전 입자들이 많이 모이게 된다. 이 대전 입자들은 대기를 구성하는 산소나 질소 원자와 충돌하면서 이 원자들을 들뜬 상태로 만든다. 이렇게 생성된 이온들은 다양한 파장의 복사 에너지를 방출하는데, 질소는 푸른색이나 붉은색을 방출하며, 산소는 붉은색 또는 녹색을 방출한다. 모양도 다양하게 나타나는데 커튼 모양, 호 모양, 떠 모양, 전 조각 모양으로 관측되기도 한다.

한편, 태양의 활동은 약 11년을 주기로 극대기가 나타나는데, 이 무렵에 오로라가 더욱 자주 발생한다. 오로라는 '극광'이라고도 부르며 동양에서는 멀리서 불이 난 것처럼 보인다 해서 '적기'라 부르기도 하였다.

오로라
고위도 지역의 하늘에서 볼 수 있는 오로라는 상층 대기 입자가 태양으로부터 오는 전기를 띤 입자와 부딪히면서 빛을 내는 현상이다.

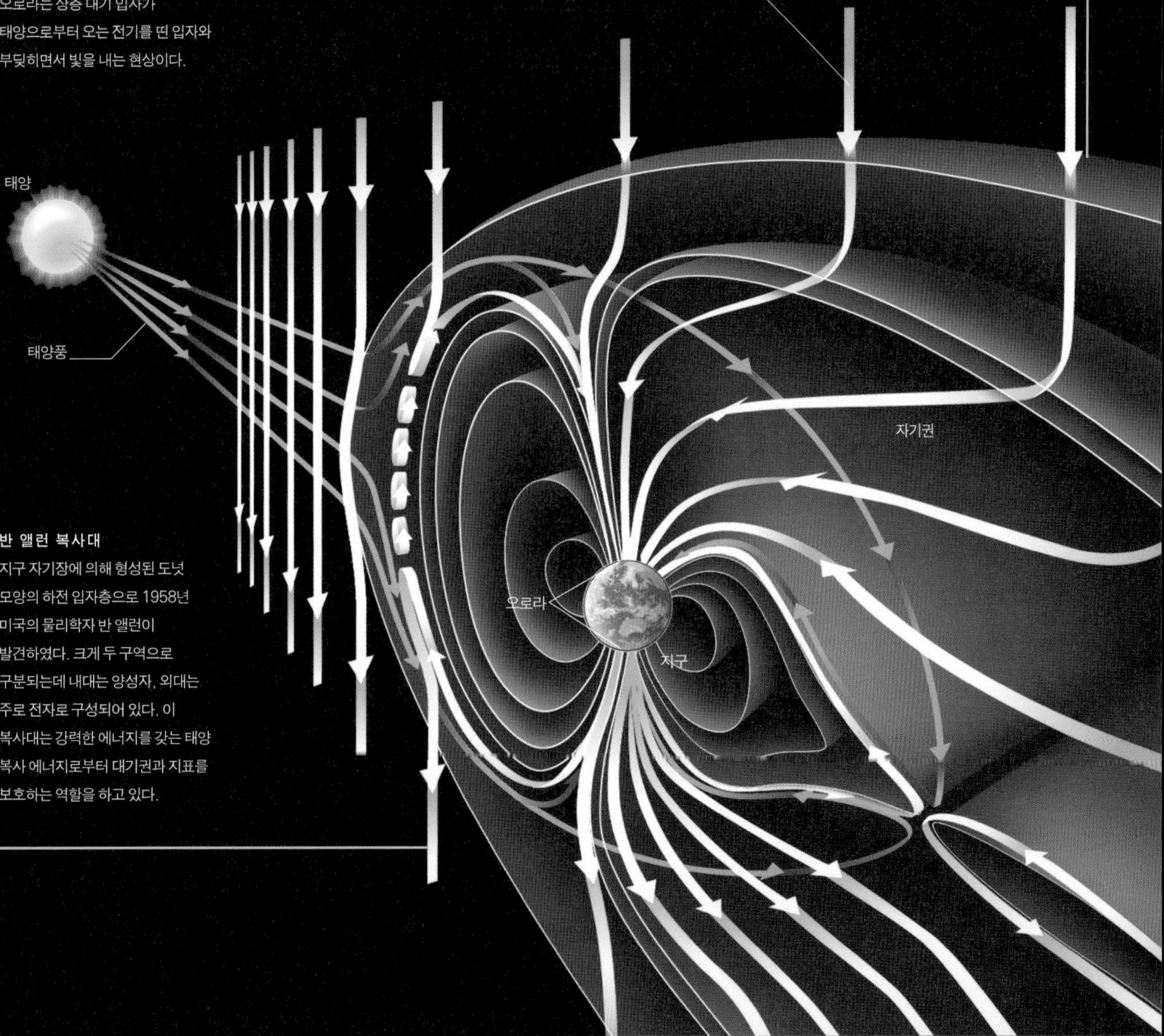

태양풍의 자력선

태양

태양풍

자기권

반 앨런 복사대
지구 자기장에 의해 형성된 도넛 모양의 하전 입자층으로 1958년 미국의 물리학자 반 앨런이 발견하였다. 크게 두 구역으로 구분되는데 내대는 양성자, 외대는 주로 전자로 구성되어 있다. 이 복사대는 강력한 에너지를 갖는 태양 복사 에너지로부터 대기권과 지표를 보호하는 역할을 하고 있다.

오로라

지구

2 | 기압과 바람

2005년 식목일에 발생한 양양 지역의 산불은 천년 고찰인 낙산사를 전소시킬 정도로 그 위력이 대단했다. 한때 수그러들었던 불길이 최고 초속 32km를 넘는 강한 바람이 불면서 다시 큰불로 번졌다고 한다. 이처럼 우리 주변에서는 크고 작은 규모의 바람이 계속 불고 있다. 바람은 어떻게 발생하고 왜 부는 것일까?

기압(공기 기둥의 무게)

1,000km
얇은 대기

공기 기둥

진한 대기   1cm²   해수면

| 기압이 생기는 이유 | 책상에 신문지를 넓게 편 다음 긴 플라스틱 자를 이용하여 신문지를 들어올려 보자. 신문지 한 장의 무게를 생각하면 아주 쉽게 들어올릴 수 있을 것 같지만 생각처럼 쉽지 않을 것이다. 공기는 질량을 갖는 기체로 이루어져 있다. 따라서 지구 중력의 영향을 받아 무게를 갖는다. 공기는 가벼워서 무게가 느껴질 것 같지 않지만 실제로는 상당한 무게로 지표를 누르고 있다. 이 때 일정한 면적을 누르고 있는 공기의 무게를 '대기압' 또는 '기압'이라고 한다.

17세기 중엽 갈릴레이의 제자 토리첼리는 대기압의 크기를 측정하였다. 그는 어떤 방법으로 대기압의 크기를 알 수 있었을까? 토리첼리는 물보다 13.6배가 더 무거운 수은을 길이가 1m인 유리관에 넣고 수은이 담긴 수조에 거꾸로 세우는 실험을 하였다. 그 결과 수은은 76cm 높이에서 멈추었으며, 유리관 안의 위쪽에는 진공 상태가 만들어지는 것을 확인하였다. 외부에서 작용하는 기압이 수은 기둥을 76cm 높이까지 밀어 올릴 수 있다는 것을 확인한 것이다.

이 실험의 결과, 평균 해수면에 작용하는 기압은 수은 기둥 76cm의 압력과 같다는 것이 밝혀졌다. 오늘날에도 이러한 토리첼리의 실험 원리를 이용하여 기압의 크기를 측정하고 있다.

기압의 크기 단위 면적에 작용하는 공기 기둥의 무게를 기압이라고 한다.
지표에서 멀어질수록 공기의 양이 감소하기 때문에 기압도 낮아진다.

1기압의 크기는 1cm²의 면적에 대략 1kg의 물체가 누르는 압력에 해당한다. 그렇다면 손바닥만의 평균 면적을 50cm² 정도라고 할 때, 손바닥으로 공기를 떠받치고 있다면, 무려 50kg에 해당하는 공기의 힘을 받고 있는 것이다. 몸 전체를 생각하면 엄청나게 큰 힘을 받고 있는 셈인데, 우리는 잘 느끼지 못한다. 기압이 사방으로 똑같이 작용하고 있을 뿐만 아니라 몸 안에서도 공기가 누르는 힘과 똑같은 크기의 힘이 바깥쪽으로 작용하고 있기 때문이다.

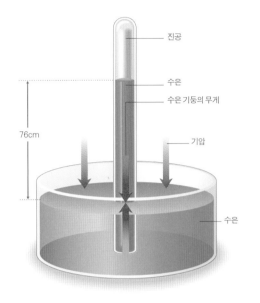

| 변하는 기압의 크기와 바람 | "중국 대륙에서 발달한 고기압이 우리 나라 상공으로 이동해 오기 때문에 오늘은 전국적으로 날씨가 맑겠습니다. 하지만 내일부터는 서쪽에서 다가오는 저기압의 영향으로 구름이 많아지고 오후에는 호남 지방에서부터 비가 내리겠습니다. ……"
　흔히 일기 예보에서는 고기압이나 저기압이라는 용어를 자주 사용하며 기압의 변화는 날씨 변화에 큰 영향을 미친다. 어느 지역에서나 공기의 양이 늘 일정한 것은 아

기압의 크기
단위 면적에 작용하는 수은 기둥의 무게는 외부에서 작용하는 기압의 크기와 같다. 1기압 상태에서 수은 기둥은 수은면으로부터 76cm 높이에서 멈추며 유리관의 기울기나 굵기에 관계없이 그 높이는 일정하다. 한편, 기압이 낮은 곳에서는 수은 기둥의 높이도 낮아진다.

아네로이드 기압계

수은 기압계

니며 공기가 많은 지역과 부족한 지역이 있게 마련이어서 기압은 시간과 장소에 따라 다르다. 기압은 토리첼리의 실험 원리를 이용한 수은 기압계나 진공 상태의 금속 상자가 외부 기압에 의해 찌그러지는 정도를 이용한 아네로이드 기압계 등을 이용하여 측정한다.

어떤 지역에서 공기가 가열되면 가벼워진 공기는 위쪽으로 이동한다. 따라서 이 지역은 공기가 부족해지며, 상대적으로 주변에 비해 기압이 낮아진다. 이와 같이 주변에 비해 기압이 낮은 지역은 '저기압'이 된다. 반면에 냉각되는 지역에서는 무거워진 공기가 하강하면서 공기가 쌓이고, 주변에 비해 기압이 높아진다. 이러한 지역은 '고기압'에 해당한다. 이 때 고기압 지역에서 쌓인 공기는 주변으로 퍼져 나가고, 공기가 부족한 저기압 지역으로 이동한다. 이처럼 서로 다른 지역에서의 기압 차이로 공기가 이동하게 되는데, 이러한 공기의 흐름이 '바람'이다.

| 주기적으로 부는 바람 | 낮에는 바다의 찬 공기가 육지 쪽으로 불어 오고, 밤에는 차가워진 육지의 공기가 바다 쪽으로 이동하면서 바람의 방향은 주기적으로 바뀐다. 이는 육지와 바다의 가열과 냉각의 차이 때문이다. 즉, 낮에는 바다나 육지나 같은 양의 태양 복사 에너지를 받지

고기압의 형성 고기압은 냉각된 공기가 하강하는 곳에서 형성되며, 북반구의 경우 지표에 부딪힌 공기는 시계 방향으로 불어 나간다. 고기압 지역에서는 구름이 소멸하며 날씨가 맑아진다.

만 육지가 바다보다 빨리 데워지기 때문에 육지 쪽에서는 공기가 상승하면서 저기압이 형성된다. 반면에 상대적으로 온도가 낮은 바다 쪽에서는 공기가 하강하면서 고기압이 형성된다. 따라서 낮에는 바람이 바다에서 육지 쪽으로 부는데, 이것을 '해풍'이라 한다. 그러나 밤이 되면 육지가 먼저 냉각되기 때문에 바람이 육지에서 바다 쪽으로 불어 '육풍'이라 한다. 그리고 해풍과 육풍을 합하여 '해륙풍'이라 한다.

또한 우리 나라와 같이 대륙과 해양의 경계 지역에 위치한 곳에서는 해륙풍이 부는 것과 같은 원리에 의해 1년을 주기로 좀더 큰 규모의 계절풍이 분다. 여름철에 부는 남동 계절풍이나 겨울철의 북서 계절풍은 그 예에 속한다. 그리고 전 지구적으로는 연중 일정한 대기 순환 과정을 통해 대규모의 바람이 나타난다.

바람이 불지 않는 날은 거의 없다. 태풍처럼 바람이 강하게 불 때도 있지만 산들바람처럼 약하게 불 때도 있다. 샛바람(동풍), 하늬바람(서풍), 마파람(남풍), 높바람(북풍) 외에도 방향에 따라 붙여진 바람의 이름이 매우 다양하다. 그만큼 바람이 부는 모습이 복잡하게 나타난다는 것을 의미한다. 바람이 매우 불규칙하게 부는 것처럼 보이지만 실제로는 서로 다른 지역에서의 기압차에 의해 일정한 방향으로 움직이고 있다.

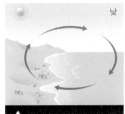

해륙풍의 원리
해륙풍은 지표면의 가열과 냉각에 의해 일어나는 열적 순환이다.

저기압의 형성 저기압은 따뜻해진 공기가 상승하는 곳에서 형성되며, 북반구의 경우 부족해진 공기는 시계 반대 방향으로 불어 오면서 보충된다. 공기가 상승하는 동안 수증기의 응결이 일어나 구름이 생기고 날이 흐려진다.

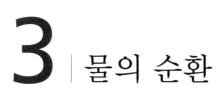

3 | 물의 순환

뭉게구름, 새털구름, 먹구름……. 하늘에는 크고 작은 다양한 모습의 구름들이 떠 있다. 또 때로는 구름에서 비나 눈이 내리기도 한다. 그래서 사람들은 하늘에 검은 구름이 보이면 비가 올 거라고 예상하기도 한다. 구름은 어떻게 만들어질까? 비나 눈은 왜 내릴까?

| 증발과 응결이란 무엇일까? | 햇볕이 잘 드는 날 빨래를 널면 잘 마르고 어항의 물은 시간이 지나면서 점점 줄어든다. 물은 어디로 사라진 것일까? 여름철에 찬 음료수를 컵에 따르면 컵 주변에 작은 물방울이 맺히는 것을 볼 수 있다. 또 이른 새벽에 일어나 풀잎을 관찰해 보면 작은 물방울이 맺혀 있기도 하다. 우리 주변에서 볼 수 있는 이러한 현상들은 물이 상태 변화를 일으키면서 나타나는 것들이다.

지금까지는 태양계의 행성 가운데 지구에만 물이 존재한다고 알려져 있다. 지구상의 물은 대부분 바닷물로 존재하며 그 밖에 빙하·지하수·강·물·호수 등에 분포하고 있다. 생물체의 생존에 반드시 필요한 물은 기상의 변화에도 큰 영향을 미치고 있다.

물은 우리가 경험할 수 있는 온도 범위 내에서 각각의 상태가 변할 수 있는 물질 중의 하나이다. 물은 0℃에서 얼어 고체 상태의 얼음으로 변하고, 100℃에서 끓어 기체 상태의 수증기가 된다. 그런데 100℃에 이르지 않아도 물의 표면에서는 끊임없이 증발이 일어난다. 즉, 액체 상태의 물이 태양 복사 에너지를 흡수하여 기체 상태의 수증기로 변하는 것이다.

증발한 수증기는 공기 중에 포함된다. 그러나 공기 역시 많은 기체 입자로 이루어져 있기 때문에 공기 중에 포함될 수 있는 수증기의 양에는 한계가 있다. 공기가 최대한의 수증기를 포함하고 있어 더 이상의 수증기가 들

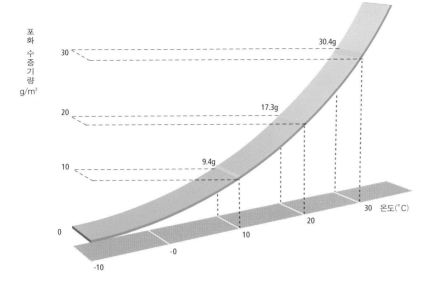

어갈 수 없는 상태를 '포화 상태'라고 한다. 이 때 일정한 온도에서 $1m^3$의 공기가 최대한 포함할 수 있는 수증기량을 '포화 수증기량'이라고 한다.

포화 수증기량은 온도에 비례해서 변화한다. 따라서 일정량의 공기를 냉각시키면 공기는 포화 상태에 이르게 되고 여분의 수증기는 더 이상 기체 상태의 수증기로 존재하지 못하고 열을 방출하면서 액체 상태의 물방울로 변한다. 이러한 현상을 '응결'이라 한다.

이와 같이 지표와 대기 중에서는 쉴 새 없이 증발과 응결이 일어나고 있으며, 이 때문에 빨래가 마르거나 물방울이 맺히는 등의 다양한 변화가 나타나는 것이다.

| **구름의 발생과 종류** | 구름은 공기 중에서 응결한 작은 물방울이 공중에 떠 있는 것이다. 구름 내의 물방울은 다시 증발하여 수증기로 변하거나, 그 수증기가 다시 응결하면서 새로운 물방울을 만든다. 따라서 구름의 모양은 시간이 지남에 따라 달라진다.

구름의 모양은 다양하지만 대체로 구름의 아래쪽 면은 편평한 모습을 하고 있다. 특히 이제 막 생성되고 있는 뭉게구름이나 멀리 떠 있는 구름을 보면 이러한 특징을 더 잘 관찰할 수 있다. 구름의 아래쪽 면이 편평한 이유는 무엇일까?

수증기로 포화되지 않은 공기를 냉각시키면 포화 수증기량이 감소하면서 공기가 포화 상태에 도달한다. 이 때부터 응결이 시작되는데, 응결이 시작되는 온도를 이슬점이라 한다. 공중에 떠 있는 구름은 바로 이슬점 이하로 냉각된 공기 중의 수증기가 응결하여 형성된 작은 물방울들이다.

수증기를 포함한 공기 덩어리가 상승하면 주변의 기압이 낮아지면서 *단열 팽창한다. 이 때 기온이 낮아지면서 수증기의 응결이 일어난다. 수증기의 응결이 시작되는 이 높이에서부터 구름이 생성되기 때문에 구름의 아래쪽 면이 대체로 편평하게 나타나는 것이다. 응결에 의해 구름이 생성되는 이 높이를 '응결 고도'라고 한다.

구름은 공기의 상승 운동이 일어나는 곳에서 형성된다. 따라서 공기의 상승 운동이 활발한 저기압 중심부에서 잘 형성되며, 공기가 산의 경사면을 따라 상승하는 경우에도 생성된다. 또 지표면을 구성하는 물질의 차이에 의해 서로 다르게 가열되는 경우에도 구름이 생성된다. 즉, 가열된 곳의 공기는 가벼워져서 상승 운동을 하는데, 이 때 공기가 상승하면서 구름이 생성된다. 그리고 찬 공기와 더운 공기가 만나 더운 공기가 밀려 올라가거나 찬 공기를 타고 오르는 경우에도 구름이 생성된다.

이와 같은 과정에 의해 형성되는 구름은 공기의 상승 운동 정도에 따라 다양한 모습으로 나타난다. 상승 기류가 강할 때에는 위로 솟아오르는 적운형의 구름이 생성되고, 상승 기류가 약할 때에는 주로 옆으로 퍼져 나가는 층운형의 구름이 생성된다. 또 발달하는 높이에 따라 고층운·중층운·하층운·연직운으로 구분된다.

아주 높은 곳에 형성된 구름 입자는 기온이 매우 낮기 때문에 얼음 알갱이로 존재하기도 하는데, 가을철에 자주 볼 수 있는 높은 곳의 구름들이 유달리 반짝거리는 것은 이 구름들이 얼음 입자로 이루어져 있기 때문이다.

단열 팽창
주변으로부터 열의 출입이 없는 상태에서 일어나는 현상으로 단열 팽창시 갑자기 부피가 커지는데, 자체 에너지가 소모되므로 온도가 내려간다. 입을 오므리고 손바닥에 바람을 불거나 바람이 가득 들어 있는 풍선의 주둥이를 잡고 있다가 붙이나 손바닥에 놓았을 때 시원하게 느껴지는 것은 단열 팽창 때문이다.

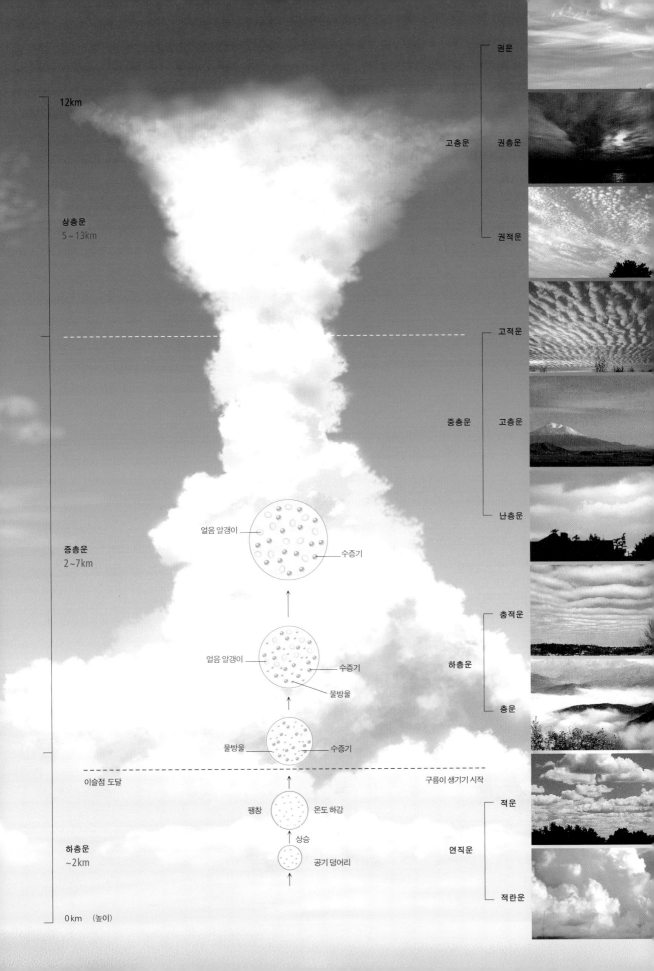

12km

상층운
5~13km

하층운
~2km

증층운
2~7km

하층운
~2km

0km (높이)

권운

고층운 ── 권층운

권적운

고적운

중층운 ── 고층운

난층운

충적운

하층운

층운

적운

연직운

적란운

얼음 알갱이 ──── 수증기

얼음 알갱이 ──── 수증기

물방울

물방울 ──── 수증기

이슬점 도달   구름이 생기기 시작

팽창   온도 하강

상승

공기 덩어리

다양한 눈의 결정들

| 비와 눈의 생성 | 구름이 물방울로 이루어져 있다면 구름 입자는 어떻게 공중에 떠 있을 수 있을까? 구름 입자의 크기는 0.01mm 정도로 매우 작다. 1mm 크기의 빗방울이 되려면 약 100만 개의 구름 입자가 모여야 한다. 이처럼 입자의 크기가 작기 때문에 상공에 머무를 수 있는 것이며 하늘에 구름이 있어도 비가 오지 않을 때가 더 많은 것이다. 따라서 구름에서 비나 눈이 만들어지려면 구름 속의 알갱이, 즉 구름 입자가 빗방울 크기로 성장하여야 한다. 성장한 구름의 상층부는 기온이 낮아서 구름 입자가 얼음 알갱이로 존재한다. 비가 내리는 과정은 다음과 같이 크게 두 가지로 구분된다.

먼저, 우리 나라와 같이 중위도에 위치한 지역에서 형성되는 구름은 기온이 낮다. 따라서 구름 내에 작은 얼음 알갱이들이 존재하는데, 이 얼음 알갱이에 수증기가 계속 달라붙어서 커지면 얼음 알갱이는 무거워져서 아래로 떨어진다. 이 때 얼음 알갱이가 떨어지다 녹아서 비가 된다. 이와 같이 형성되는 비를 '찬비'라고 한다.

기온이 높은 저위도 지역의 구름에서는 얼음 알갱이가 만들어지기 어

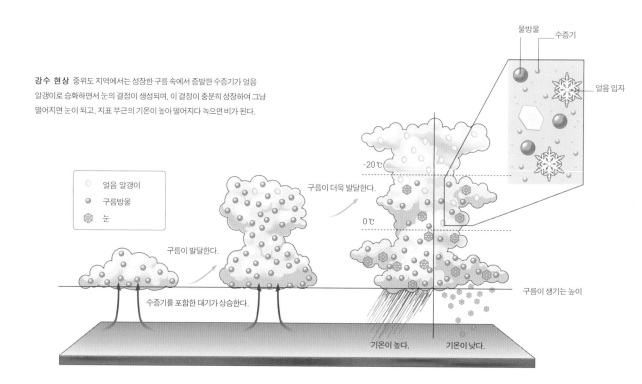

강수 현상 중위도 지역에서는 성장한 구름 속에서 증발한 수증기가 얼음 알갱이로 승화하면서 눈의 결정이 생성되며, 이 결정이 충분히 성장하여 그냥 떨어지면 눈이 되고, 지표 부근의 기온이 높아 떨어지다 녹으면 비가 된다.

물방울
수증기
얼음 입자

얼음 알갱이
구름방울
눈

-20℃
구름이 더욱 발달한다.
0℃
구름이 발달한다.
구름이 생기는 높이
수증기를 포함한 대기가 상승한다.
기온이 높다.
기온이 낮다.

려운데, 작은 구름 입자들이 서로 충돌하는 동안 성장한 물방울이 떨어져 비가 되기도 한다. 이러한 과정을 거쳐 형성되는 비를 '따뜻한 비'라 한다.

한편, 눈은 지표면 부근의 기온이 낮아서 구름에서 성장한 얼음 알갱이가 녹지 않고 그대로 떨어진 것이다. 얼음 알갱이가 형성된 곳의 수증기 양이나 기온차에 따라 눈의 결정은 매우 다양하게 성장한다. 또한 상승 기류가 강한 구름에서는 성장한 얼음 알갱이가 상승 운동과 하강 운동을 반복하면서 성장하여 커다란 얼음 덩어리인 우박을 만들기도 한다.

구름에서 형성되는 비나 눈을 비롯하여 우박·안개·이슬·서리와 같은 현상 등은 강수 현상에 속한다. 강수 현상에 의해 지표로 내려온 물은 생명 활동에 이용되며 지하수를 형성하거나 지표를 따라 다시 바다로 흘러간다. 그리고 태양 복사 에너지에 의해 지표에서 증발하여 수증기로 변하면서 다시 대기 중으로 들어가는 순환 과정을 계속한다. 이러한 전 과정을 '물의 순환'이라 하며, 이 때 지표에서 대기로 에너지가 이동한다. 결국 물의 순환 과정을 통해 지구의 열적 균형이 이루어지며, 그 과정에서 여러 가지 기상 현상이 일어나는 것이다.

❶ 안개 지표 부근에 머무르던 수증기들이 지표의 냉각으로 인해 응결한 것으로 맑은 날 새벽 무렵에 잘 형성된다.

❷ 이슬 공기 중의 수증기량이 적을 때는 응결한 물방울이 나뭇잎이나 풀잎 등에 맺혀 이슬을 형성한다. 이슬 역시 지표의 냉각이 잘 이루어지는 맑은 날 새벽에 생긴다.

❸ 서리 기온이 낮아져서 이슬점이 영하가 되면 수증기가 곧바로 승화하여 얼음으로 변한 것이다. 서리는 농작물에 큰 피해를 입히기도 한다.

❹ 우박 상승 기류가 강한 적란운에서는 구름 내에서 성장한 얼음 알갱이가 상승·하강 운동을 반복하면서 성장하여 우박을 형성한다. 우박은 상승·하강 운동을 반복하는 동안 투명한 층과 불투명한 층이 반복적으로 나타나며, 크기는 5~10mm에 이른다.

물의 순환 과정

지구는 거대한 수력 발전소

물은 상태가 변하면서 지상과 대기 사이를 끊임없이 이동하는데, 이것을 '물의 순환'이라 한다. 이러한 순환 과정은 지구상에 물이 존재하면서부터 시작된 것으로 그 순환 과정은 지구상의 모든 생태계 순환에 영향을 미친다. 지표에서 증발한 물은 수증기 형태로 대기 중으로 이동하고 대기 중에 들어간 수증기는 응결 또는 승화하여 구름을 형성한다. 구름 내에서 작은 물방울이나 얼음 알갱이들은 성장한 후 비나 눈이 되어 다시 지표로 되돌아온다. 결국 물은 액체·기체·고체로 상태가 변하면서 끊임없이 순환하게 되는 것이다. 한편, 지구 전체적으로 볼 때 대기 중에서 지표를 향해 이동하는 강수량과 지표에서 대기 중으로 이동하는 증발산량은 거의 같다.

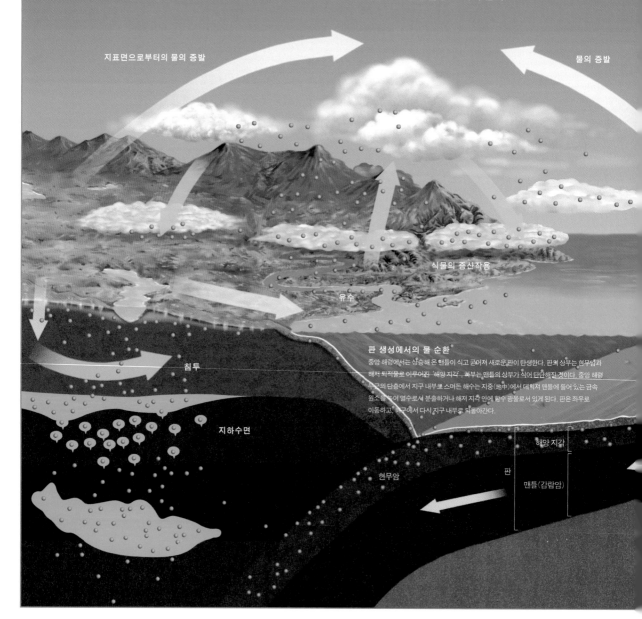

지표면으로부터의 물의 증발

물의 증발

식물의 증산작용

유수

판 생성에서의 물 순환
중앙 해령에서는 상승해 온 맨틀이 식고 굳어져 새로운 판이 탄생한다. 판의 상부는 현무암과 해저 퇴적물로 이루어진 '해양 지각', 하부는 맨틀의 심부가 식어 단단해진 것이다. 중앙 해령 부근의 단층에서 지구 내부로 스며든 해수는 지중(地中)에서 데워져 맨틀에 들어 있는 금속 원소를 녹여 열수로서 분출하거나 해저 지각 안에 함수 광물로서 있게 된다. 판은 좌우로 이동하고, 해구에서 다시 지구 내부로 되돌아간다.

침투

지하수면

현무암

해양 지각

판

맨틀(감람암)

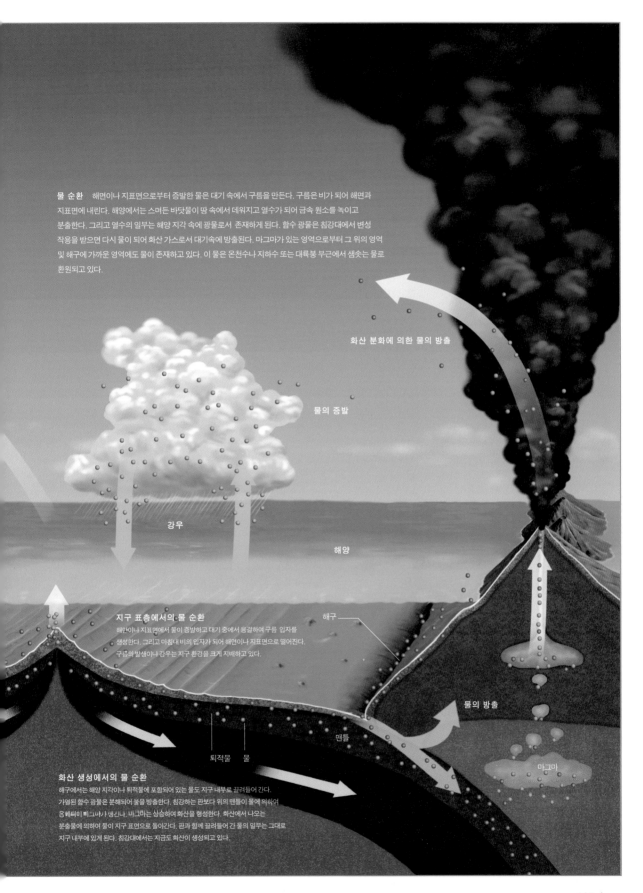

물 순환 해면이나 지표면으로부터 증발한 물은 대기 속에서 구름을 만든다. 구름은 비가 되어 해면과 지표면에 내린다. 해양에서는 스며든 바닷물이 땅 속에서 데워지고 열수가 되어 금속 원소를 녹이고 분출한다. 그리고 열수의 일부는 해양 지각 속에 광물로서 존재하게 된다. 함수 광물은 침강대에서 변성 작용을 받으면 다시 물이 되어 화산 가스로서 대기속에 방출된다. 마그마가 있는 영역으로부터 그 위의 영역 및 해구에 가까운 영역에도 물이 존재하고 있다. 이 물은 온천수나 지하수 또는 대륙붕 부근에서 샘솟는 물로 환원되고 있다.

화산 분화에 의한 물의 방출

물의 증발

강우

해양

지구 표층에서의 물 순환
해면이나 지표면에서 물이 증발하고 대기 중에 응결하여 구름 입자를 생성한다. 그리고 마침내 비의 입자가 되어 해면이나 지표면으로 떨어진다. 구름의 발생이나 강우는 지구 환경을 크게 지배하고 있다.

해구

물의 방출

맨틀

퇴적물 물

마그마

화산 생성에서의 물 순환
해구에서는 해양 지각이나 퇴적물에 포함되어 있는 물도 지구 내부로 끌려들어 간다. 가열된 함수 광물은 분해되어 물을 방출한다. 침강하는 판보다 위의 맨틀이 물에 의하여 용해되어 마그마가 생긴다. 마그마는 상승하여 화산을 형성한다. 화산에서 나오는 분출물에 의하여 물이 지구 표면으로 돌아간다. 판과 함께 끌려들어 간 물의 일부는 그대로 지구 내부에 있게 된다. 침강대에서는 지금도 화산이 생성되고 있다.

4 | 기후와 생물

만년설로 뒤덮인 히말라야 산 꼭대기에도 거미가 산다고 한다. 또 빛이 들지 않아 칠흑같이 어둡고 추운 깊은 바닷속에도 생물들이 산다. 이처럼 지구상의 어디에나 생물들은 살고 있으며 같은 종이라도 지역에 따라 생김새가 다르다. 생물들의 분포가 이처럼 다른 이유는 무엇 때문일까? 기후와 생물은 어떤 관계에 있을까?

북극 여우

온대 붉은 여우

기후에 적응한 생물
포유류는 추운 지방으로 갈수록 몸집이 커지고 귀나 발가락 등 말단 부위가 작아지는 경향이 있다. 이것은 기후에 따라 적절하게 체온을 유지하기 위해 적응한 결과이다.

| 기후에 따라 다른 여우의 모습 | 여우는 기후가 온화한 온대 지방뿐만 아니라 매우 건조하고 일교차가 큰 사막 지역에서도 산다. 심지어 영하 40℃가 넘는 북극 지방에서도 볼 수 있다. 이들 여우는 같은 종의 생물이지만 생김새는 약간씩 다르다. 사막에서 사는 여우는 몸집이 작은 편이며, 귀가 얇고 크며 꼬리와 다리는 몸통에 비해 가늘고 긴 편이다. 이에 비해 북극 여우는 몸집이 크고 귀가 작으며, 다리와 꼬리가 뭉툭하다. 온대 지방의 여우는 이들의 중간 모습을 보인다.

이처럼 여우는 각 지역의 기후에 적응하며 살아간다. 여우의 생김새를 보면 추운 지방일수록 몸집이 크고 귀나 발가락 등이 작다는 사실을 알 수 있다. 추운 지방에 사는 북극 여우처럼 몸집이 크고 말단 부분이 작으면 표면적이 작아서 체온을 보존하는 데 유리하다.

사막 여우

세계의 온도

- 항상 덥다.
- 더운 여름, 따뜻한 겨울
- 더운 여름, 선선한 겨울
- 따뜻한 여름, 추운 겨울
- 추운 여름, 추운 겨울
- 항상 춥다.

세계의 강수량

- 매월 강한 비
- 매월 비가 내림
- 계절적으로 강한 비
- 계절적으로 비가 조금씩 내림
- 비가 거의 내리지 않음
- 눈이 많이 내림

〈세계의 기후〉
기후는 생물의 분포에 큰 영향을 미치는데, 특히 온도와 강수량이 결정적인 영향을 미친다. 이들은 식물의 분포를 결정하고 식물의 분포는 동물의 분포를 결정한다.

│ **온도와 물, 생물의 분포를 결정한다** │ 생물은 지구상의 가장 높은 곳에서부터 가장 깊은 곳까지 어디에나 살고 있으며 각각의 환경에 적응하여 독특하고 다양한 분포를 이루고 있다. 각 지역에 살고 있는 생물들은 빛·물·온도·토양·바람 등의 영향을 받으며 살아간다. 이 중에서 가장 큰 영향을 주는 요인은 온도와 강수량이다.

육상 생물은 온도와 강수량 등의 환경 요인에 따라 8개의 군집으로 나뉜다. 열대우림은 1년 내내 따뜻한 적도 지방에 형성되는 대밀림이며, ※사바나는 사자나 기린 등을 볼 수 있는 초지와 수목이 흩어져 있는 지역이다.

사막은 습도가 적어 일교차가 크고, 지중해성 기후대는 튼튼한 상록 잎을 가진 덤불이 밀집된 지역이다. 초원은 대체로 나무가 없고 초본류가 발달한 지역이고, 온대 활엽수림대는 키가 큰 수목이 생장할 수 있는 충분한 양의 수분이 존재하는 지역이다. 침엽수림대는 침 모양의 잎을 가진 나무들로 이루어진 지역이고, 툰드라는 식물이 생장할 수 있는 북쪽 한계 지역과 만년설로 덮인 고지대에 위치한 지역이다.

│ **선인장의 잎이 가시 모양인 이유** │ 사막과 같은 건조한 지역의 식물들은 물의 손실을 최대한 막아야 살 수 있다. 이 지역에서 자라는 대표적인 식물 선인장은 비가 올 때까지 적은 양의 물을 가지고 오랜 기간 살아

사바나
남북 양반구의 열대 우림과 사막 중간에 분포하는 열대 초원. 이 지역의 기후는 우기와 건기로 뚜렷하게 나뉜다. 건기에는 비가 전혀 내리지 않기 때문에 삼림이 자라지 못하고 시들어 버리고 우기에는 비가 불규칙하게 내린다. 그러나 해에 따라 강수량의 차가 심하여 2~3년 동안 비가 거의 오지 않는 경우도 있다. 비는 일반적으로 단시간에 내리는 호우가 많다.

갈 수 있도록 적응되어 있다. 선인장 잎은 가시 모양인데, 이는 동물들이 선인장의 어린 잎을 먹지 못하게 함으로써 줄기 손상에 따른 물의 손실을 막아 주는 역할을 한다. 선인장의 광합성은 주로 녹색의 줄기에서 일어난다. 줄기는 두꺼운 층으로 덮여 있고 물은 내부 조직에 있는 큰 세포에 저장되어 있다. 공기와 수증기의 출입이 일어나는 기공은 선인장의 줄기에 있으며, 낮에는 기공이 주로 닫혀 있어 덥고 건조한 기후 조건에서 공기 중으로 수증기가 손실되는 것을 최소화한다.

| 캥거루쥐는 물을 아낀다 | 건조한 사막 생활에 독특하게 적응하는 포유류로는 캥거루쥐가 있다. 남부 캘리포니아 사막에 살고 있는 캥거루쥐는 굴 속에서 주로 생활하며, 밤에는 먹을 것을 찾아 밖으로 나온다. 굴 밖으로 나오더라도 반경 300m 이상 벗어나는 일이 없다.

사막에서는 1년 내내 비는커녕 이슬조차 내리지 않기 때문에 공기 중의 습도는 0%에 가깝다. 그런데 이렇게 건조한 지역에 사는 캥거루쥐 몸 안의 수분 함유량은 65%로 다른 포유류와 같다. 캥거루쥐들은 먹이로부터 수분을 얻을 뿐 거의 물을 마시지 않는다. 그래서 매우 진한 오줌을 소량 배설하고 대변 또한 수분을 거의 함유하고 있지 않아 건조하여 쉽게 부서진다. 캥거루쥐가 소모하는 수분은 호흡할 때 입김을 통해 방출되는 것이 대부분이다.

낮에는 선선한 굴 속에서 지낸다.

건조한 씨를 먹지만 씨에서 물을 얻어 이용한다.

콧구멍을 통해 수분을 회수한다.

변은 배변 전에 탈수된다.

캥거루쥐
캥거루쥐는 건조한 사막 지대에 분포하는 포유 동물의 일종이다. 거의 물을 먹지 않고 살지만 일반적인 포유류처럼 체 구성 물질의 65%가 물로 이루어졌다. 캥거루쥐는 그림에서처럼 여러 가지 방법으로 물을 확보한다.

콩팥에서 수분이 재흡수되어 진한 오줌을 배설한다.

| 펭귄은 속옷을 입고 있다? | 남극 지방과 그 주변에 서식하는 펭귄은 물기가 전혀 스며들 수 없는 촘촘한 털로 온몸을 감싸고 있는데, 유난히 반들거려 얼핏 보면 바다표범의 털처럼 보이기도 한다. 털이 난 피부 밑의 지방층은 따뜻한 속옷 구실을 한다.

보통 펭귄은 얕게 팬 구멍에 집을 짓는다. 암컷은 이 곳에 보통 한두 개의 알을 낳는다. 추위에 금방 돌덩이같이 얼어 버리는 알을 보호하기 위해 어미 펭귄은 항상 긴장한다. 그러나 황제 펭귄이나 임금 펭귄은 둥지를 만들지 않는다. 대신 오직 1개의 알을 낳아 두 발등에 올려놓고 몸을 앞으로 조금 구부린 채 지방분이 많은 배의 주름진 피부로 알을 덮어서 품는다.

펭귄들은 최악의 기후 조건에서 자신의 알의 안전을 위해 협동한다. 알을 품고 있는 모든 수컷들은 서로 몸을 맞대고 서서히 장소를 바꾼다. 가장자리에 있던 펭귄은 중앙으로, 중앙에 있던 펭귄은 가장자리로 질서 있게 옮겨 가며 체온의 손실을 줄인다.

이처럼 식물은 강수량, 기온 등의 여러 가지 환경 요인에 따라 분포가 결정된다. 동물의 분포는 그들의 먹이가 되는 식물의 분포에 따라 달라진다. 지리적으로 동떨어진 지역이라도 환경 요인이 비슷하다면 비슷한 동물군이 형성될 수 있다. 하지만 생물들은 자신이 처한 환경에 독특한 방식으로 적응하여 고유한 모습을 지니고 있기도 한다.

세계의 기후와 사람들

각 지역은 환경 조건에 따라 독특한 생물 분포를 보이는 8개의 주요 생물 군집으로 나눌 수 있다. 대개 각 지역의 기온 및 강우량, 그 밖의 기후 조건에 따라 식생의 분포가 결정된다. 지리적으로 동떨어진 지역이라도 기후가 비슷하다면 같은 생물 군집이 형성된다.

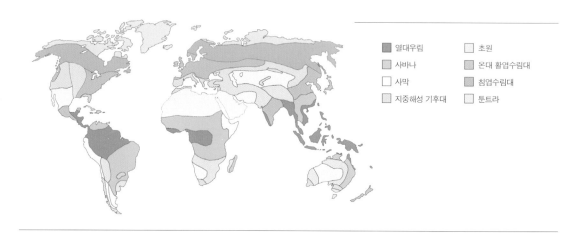

■ 열대우림   □ 초원
■ 사바나   ■ 온대 활엽수림대
□ 사막   ■ 침엽수림대
■ 지중해성 기후대   □ 툰드라

사바나 남북 양반구의 열대 우림과 사막 중간에 분포하는 열대 초원. 이 지역의 기후는 우기와 건기로 뚜렷하게 나뉜다. 건기에는 비가 전혀 내리지 않기 때문에 삼림이 자라지 못하고 시들어 버린다. 우기에는 비가 불규칙하게 내린다. 그러나 해에 따라 강수량의 차가 심하여 2~3년 동안 비가 거의 오지 않는 경우도 있다. 비는 일반적으로 짧은 시간에 내리는 호우가 많다.

침엽수림대 '타이가'라고 부르기도 하며 겨울이 길고 춥다. 생장 기간인 여름이 짧으며 활엽수림대보다 강수량이 훨씬 적다. 광대한 습지, 소택지가 존재한다.

열대우림 연중 기온이 높고 많은 양의 비가 내린다. 낮의 길이가 11~12시간 정도 된다. 대표적인 지역으로는 아마존 강 유역이나 인도네시아 지역 등을 들 수 있다.

사막 낮 기온이 때때로 50℃ 이상을 웃돌지만 밤에는 종종 영하의 기온으로 떨어진다. 사막 지역은 극히 적은 강수량과 급속한 증발 현상으로 형성된다.

지중해성 기후대 겨울 동안 강수가 많고 온화하며 여름 동안 건조하고 뜨거운 날씨가 지속된다. 지중해성 기후대에서는 다년생 관목과 일년생 식물을 흔히 볼 수 있는데, 특히 습기가 많은 겨울과 봄에 볼 수 있다.

초원 대체로 나무가 없고 비교적 추운 겨울 기온을 보이는 지역에 나타난다. 초원 지대는 가뭄과 화재가 주기적으로 일어나고 덩치 큰 포유류가 초목을 뜯어먹어서 목질의 관목과 수목이 초원을 침범하여 자리잡지 못한다

온대 활엽수림대 키 큰 수목이 자랄 수 있는 충분한 양의 수분이 존재한다. 온대 활엽수림대의 기온은 -30℃에서 30℃에 이르러 겨울은 몹시 춥고 여름은 매우 덥다 강수량을 비교적 많고 대체로 연중 고르게 분포한다.

툰트라 짧고도 더운 여름철 동안에는 거의 하루 종일 낮이 계속되며 이 때 식물들은 빨리 생장하고 꽃도 빨리 핀다. 식물이 생장할 수 있는 북방 한계 지역과 만년설로 덮인 고지대 아래 지역에 위치한다.

113

5 | 일기 예보

"자현아, 비가 오려나 보구나. 할머니 다리 좀 주물러 다오." 자현이는 열심히 할머니의 어깨와 다리를 주물러 드리면서 신기해했다. 잠시 후, 할머니의 말씀처럼 비가 내렸기 때문이다. 할머니께서는 어떻게 비가 올지 아셨을까?

기우제
비가 오기를 기원하는 의식으로 과거에는 왕이 정사를 잘못하여 하늘이 벌을 내리는 것으로 보고 왕 스스로 몸을 정결히 하고 하늘에 제사를 지내기도 하였다. 우리 나라에서는 삼국 시대 이후로 기우제를 지낸 것으로 알려져 있다.

| 개구리가 울면 비가 온다? | 날씨는 우리의 일상 생활에 많은 영향을 미친다. 과거에는 날씨의 변화를 어떻게 알아낼 수 있었을까? 그리고 오늘날에는 어떻게 날씨의 변화를 알아내고 있을까?

과거 농경 사회에서 날씨의 변화는 농작물의 파종에서 성장, 수확에 이르기까지 큰 영향을 미쳤다. 이 때의 날씨는 곧바로 생존의 문제와도 직결되는 것이기 때문에 관심을 갖지 않을 수 없었을 것이다. 과거의 기록들을 보면 세계 곳곳에서 기우제를 지낸 흔적들이 남아 있다.

우리 나라의 경우에도 《조선 왕조 실록》에 따르면, 기우제는 해마다 음력 4월에서 7월까지 정기적으로 열리는 연중 행사였다. 훨씬 이전으로 거슬러 올라가면 《삼국유사》에는 환웅이 바람·비·구름을 관장하는 신하들과 함께 내려와 나라를 세웠다는 기록이 전해지고 있다. 이처럼 날씨는 생활과 밀접한 관련을 맺고 있었다.

우리 조상들은 동물들의 행동이나 구름, 하늘의 모양을 보고 날씨를 예견하기도 하였다. '서쪽에 무지개가 생기면 소를 강가에 매지 말라.', '개구리가 울면 비가 온다.', '지렁이가 땅 밖으로 나오면 비가 온다.', '제비가 땅바닥 가까이 날면 비가 온다.' 등은 모두 날씨와 관련된 속담이다. 이런 속담에도 과학의 원리가 숨어 있다. 서쪽 하늘에 물방울이 많으면 우리 나라 쪽으로 저기압이 이동하면서 비가 올 것으로 예상할 수 있고,

건조한 날에는 개구리가 물 속에 들어가 있지만 공기 중의 수증기가 많아져 습도가 높으면 수면 밖으로 나와 울기 때문이다.

| **생활에 필요한 일기 예보** | 오늘날에는 인터넷이나 신문 또는 텔레비전을 통해 쉽게 일기 예보를 접한다. 그런데 이러한 일기 예보가 잘못 보도되어 생활에서 불편을 겪거나 크고 작은 피해를 입는 경우가 많다.

과거에도 날씨 변화는 우리 삶에 많은 영향을 미쳤다. 심지어는 전쟁터에서 날씨의 변화가 승패를 결정짓는 중요한 요인이 되기도 하였다. 《삼국지》에 등장하는 뛰어난 지략가인 제갈 공명이 적벽 대전에서 남동풍을 이용하여 조조의 대군을 화공으로 불살랐다고 한다. 이것은 제갈 공명의 신통력이라기보다는 그 무렵에 드물게 나타나는 날씨 변화를 이용한 것이었다.

인간의 사회 활동이 과거보다 많아진 오늘날에 일기 예보에 대한 관심이 더욱 많아진 것은 당연한 일이다. 오늘날에는 소리 없는 전쟁터인 기업들의 마케팅에서도 날씨는 그 위력을 유감없이 발휘한다. 특히 계절에 따라 매출이 큰 영향을 받는 기업일수록 날씨 변화는 더 없이 중요한 판매 전략이 될 수도 있다. 예를 들어, 아이스크림이나 에어컨의 제조업자들은 여름철의 더위로 매출을 올릴 수 있을 것이다. 이 기업들에는 정확한

생활 지수

기상 요소가 우리 생활에 영향을 미치는 정도를 지수로 표시한 것으로 한계값인 10 또는 100을 이용하여 최적 상태나 최악 상태를 나타낼 수 있다.

강수효과비

연 강수량을 연 증발량으로 나눈 비를 말하며, 식물 성장과 매우 관련이 깊다. 이 지수는 식물의 성장, 발육 상태 및 기준일로부터 과거 1개월간의 기후 특성을 파악하는 데 활용된다.

일기 예보야말로 매출 상승을 위한 소중한 정보가 되는 것이다. 그 밖에 주변의 크고 작은 행사를 진행하는 데도 일기 예보는 매우 중요한 영향을 미치고 있다.

| **일기 예보의 과정과 종류** | 오늘날의 일기 예보는 여러 관측 자료를 바탕으로 비교적 정확하게 이루어진다. 먼저, 각 지역에서 다양한 관측 장비들을 이용하여 기온·기압·바람·습도 등 날씨에 영향을 미치는 요인들을 측정한다. 이 때 자동 기상 관측 장치나 레이더, 인공위성 등과 같은 장비들은 관측 자료를 수집하는 데 매우 유용하다.

이 자료들을 바탕으로 앞으로 각 지역의 날씨를 예측하게 된다. 우리가 매스컴을 통해 듣게 되는 일기 예보는 이러한 과정을 거쳐 발표된다. 한편, 일기 예보를 할 때에는 날씨 변화가 일상 생활에 미치는 영향을 이해하기 쉽도록 각종 지수를 함께 발표한다. 나들이 지수·세차 지수·빨래 지수 등이 있으며, 장기적으로는 산불 발생 확률이나 식물 성장에 관련 있는 ※강수효과비 등을 발표하기도 한다.

일기 예보에는 몇 시간 후의 날씨를 예보하는 초단기 예보를 비롯하여 1~3일 정도의 날씨를 예측하는 단기 예보가 있다. 또 예보 기간에 따라 주간 예보와 같은 중기 예보, 1~6개월에 이르는 장기 예보도 있으며, 기상 악화가 예상될 때 발표되는 기상 정보 및 특별한 기상 재해가 예상될 때 발표되는 주의보나 경보 등과 같은 기상 특보가 있다.

| **기후 변화** | 텔리비전의 일기 예보를 보면 '평년 기온' 또는 '예년 기온'이란 말이 종종 나온다. 이 때의 평년 기온은 과거 30년간의 평균 기온을 나타내는 것이다. 이와 같이 특정한 지역에서 평균적으로 나타나는 일기 특성을 가리켜 '기후'라고 한다. 올 겨울이 유난히 추울 것이라거나 비가 많이 올 것이라는 예측 등은 기후를 기준으로 한 것이다. 그러나 기후 역시 장기적으로 볼 때는 조금씩 변하고 있다. 이 때 약 10년 정도에 걸쳐 나타나는 평균적인 변화를 '기후 변화'라고 한다.

일기 예보는 방대한 자료를 바탕으로 이루어지고 있으며, 기후를 통해 대략적인 날씨 변화를 예측할 수도 있다. 그러나 자연 현상을 규칙적으로 이해하기란 매우 어렵기 때문에 앞으로도 아주 정확하게 날씨의 변화를 예측하기란 쉽지 않아 보인다.

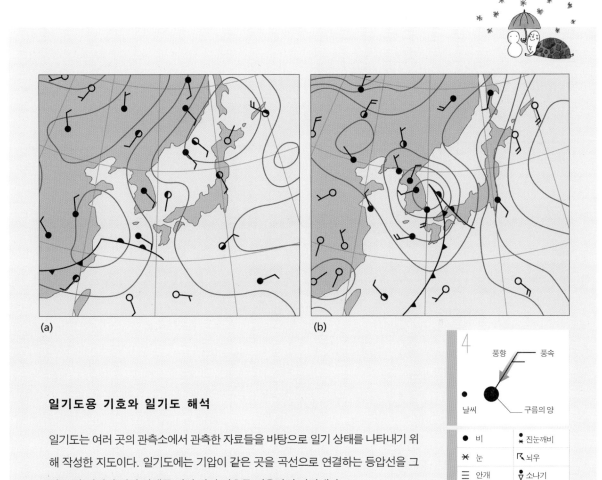

(a)　　　　　　　　　　　　　　　　　(b)

일기도용 기호와 일기도 해석

일기도는 여러 곳의 관측소에서 관측한 자료들을 바탕으로 일기 상태를 나타내기 위해 작성한 지도이다. 일기도에는 기압이 같은 곳을 곡선으로 연결하는 등압선을 그리고 각 지역의 일기 상태를 여러 가지 기호를 이용하여 나타낸다.

　일기도용 기호들을 잘 이해하고 있으면 일기도에 나타난 각 지역의 일기 상태를 분석할 수 있다. 위 그림 (a)의 경우 서울 지역은 날씨가 흐리고 남동풍이 5㎧로 불고 있으며, (b)의 경우 우리 나라 부근에 저기압의 중심이 위치하고 있어 전국이 흐리다. 그리고 서울 지역은 서풍이 5㎧로 불고 있다.

이상 기후의 주범,
지구 온난화

영화 〈투모로우〉는 지구 온난화 문제를 사실감 넘치는 화면으로 묘사해 대단한 화제를 몰고 온 작품이다. 지금처럼 지구 온난화가 계속된다면 영화 〈투모로우〉처럼 새로운 빙하기가 도 래할까? 과학자들은 이처럼 급격한 기후 변동은 오지 않을 것이라고 하지만 세계 곳곳에서는 지구 온난화로 기상 이변이 속출하고 있다. 대기 중에 포함된 이산화탄소는 태양 복사 에너지 를 잘 통과시키지만, 지구가 방출하는 복사 에너지는 흡수한다. 이산화탄소가 마치 온실의 유 리와 같은 역할을 하면서 지표의 온도를 높이고 있는 것이다. 이것을 온실 효과라고 하며, 이 산화탄소와 같은 기체를 온실 기체라고 한다. 이러한 온실 효과로 인해 지구 표면의 온도는 계 속해서 상승하고 있는데, 지구 온난화는 지구 전체의 평균 기온이 올라가는 것을 말한다.

온실 기체에는 이산화탄소 외에도 수증기와 메테인 등이 있다. 이 중에서도 화석 연료의 사 용 증가에 따른 이산화탄소의 농도 증가가 온실 효과에 큰 영향을 미친다. 즉, 석유나 석탄과 같은 화석 연료는 주로 연소시켜 에너지로 사용하게 되는데, 이 때 열과 함께 이산화탄소가 발 생한다. 화석 연료를 열에너지로 이용할 경우 이산화탄소의 발생은 반드시 나타나게 된다.

지구의 기온은 지난 20년간 약 0.3~0.4℃가 올라갔으며, 지난 100년 동안 0.4~0.8℃ 올 라갔다고 한다. 결국 지구 전체가 점점 따뜻해지고 있는 것이다. 많은 학자들은 세계 곳곳에서 일어나는 이상 기후는 이러한 지구 온난화에 따른 이상 현상으로 보고 있다. 일반적으로는 30년 동안의 평균적인 일기 상태를 기 후라고 하며, 기후를 통해 대략적인 일기 상태를 예측하기도 한 다. 그런데 과거 30년 동안 한 번도 관측되지 않았던 특징적인 기후 변화가 나타나는 경우가 있는 데, 이것을 이상 기후라 한다. 물론 이상 기후에 는 지구 온난화 외에도 해수면의 비정상적인

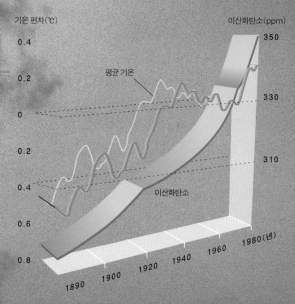

이산화탄소 농도와 평균 기온 변화
대기 중의 이산화탄소의 농도는 산업 혁명 이후 화석 연료의 사용 증가와 공업 활동으로 인한 온실 가스의 배출량이 증가하면서 급격히 늘어나게 되었다. 그 결과 평균 기온이 상승하는 것을 볼 수 있다.

온도 변화, 태양 활동의 변화에 따른 태양 복사 에너지량의 변화, 화산 활동에 의한 일사량의 감소 등도 영향을 미친다. 이상 기후는 보통 한 달 이상 평년과 다른 기후가 나타날 때를 가리키며 짧은 기간 동안에도 중대한 영향을 미친다.

앞으로도 지구 온난화는 지속될 것으로 보인다. 그러면 양극 지역의 빙하가 녹으면서 해수면이 상승할 것이고 육지의 면적은 점점 더 좁아질 것이다. 그리고 영화 속 장면처럼 전 세계적으로 최악의 기상 재해가 나타날지도 모른다. 또한 달라진 수륙 분포는 자원의 부족 현상이나 생태계의 변화를 가져오며 결과적으로 지구를 황량한 세계로 만들고 말 것이다.

위 아르헨티나 파타고니아의 업살라 빙하 지대(1928년). **아래** 호수로 변한 아르헨티나 파타고니아의 웁살라 빙하 지대(2004년).

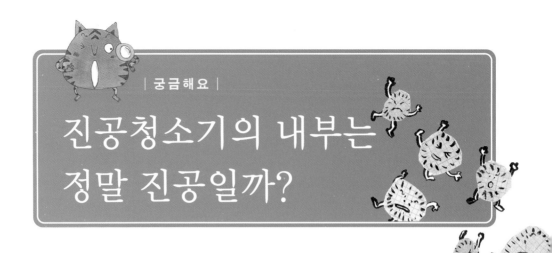

| 궁금해요 |

진공청소기의 내부는 정말 진공일까?

요즘에는 청소를 할 때 진공청소기를 많이 이용한다. 전원을 켜면 힘차게 쓰레기나 먼지를 빨아들이는 진공청소기의 내부는 정말 진공 상태일까?

흔히 우주 공간은 진공이라고 말한다. 이 때의 진공은 그야말로 물질이 없는 상태이다. 우주 공간에는 1cm³당 수소 원자 1개 정도가 들어 있다고 한다. 따라서 우주에는 거의 아무런 물질이 없다고 보아야 한다. 일찍이 아리스토텔레스는 자연 상태에 진공이 존재하지 않는다고 주장하였지만 이탈리아의 과학자 토리첼리는 수은을 이용한 실험을 통해 기압의 크기를 밝혀냈을 뿐만 아니라 진공의 존재를 증명하였다. 그의 업적을 기리기 위해 실험에서 확인된 진공 상태를 '토리첼리의 진공' 이라 부르기도 한다. 그리고 기압의 단위로 '토르torr' 라는 단위를 사용하기도 하는데 1토르는 1mmHg로, 1기압은 760토르인 셈이다.

우리 주변에서는 의외로 진공 상태가 많이 존재한다. 예를 들어, 전구 속이나 텔레비전 브라운관 등은 매우 낮은 기압을 갖고 있어 거의 진공과 다름없다. 또 식료품 등에서도 진공 건조나 진공 포장 등과 같은 용어를 자주 듣게 된다.

태양과 지구의 인력이 거의 작용하지 않는 중간 지역에서는 기압이 1조분의 1토르에 불과하다. 하지만 우리 주변에서는 이 정도의 진공은 찾아볼 수 없으며, 대체로 1,000분의 1 정도의 기압일 경우 진공으로 보고 있다.

한편, 공기는 기압이 높은 곳에서 낮은 곳으로 이동한

다. 어느 한 구역이 진공이라면 사방에서 이 곳으로 공기가 세차게 흘러들어갈 것이다. 물론 공기뿐만 아니라 주변의 물건들도 함께 빨려 들어간다. 진공청소기는 이러한 원리를 이용한 것이다. 진공청소기의 내부는 실제 진공은 아니다. 대신 한쪽 끝의 송풍기가 매우 강한 바람을 밖으로 뿜어내기 때문에 내부의 기압이 매우 낮아지고, 부족한 공기를 메우기 위해 청소기의 흡입구를 통해 공기와 쓰레기들이 한꺼번에 빨려 들어가는 것이다. 보통의 경우 송풍기는 분당 2만 번 이상 회전하는 모터로 팬을 돌려 공기를 내보낸다. 송풍기가 바람을 빠르게 내보낼수록 청소기의 내부는 외부에 비해 기압이 급격하게 감소하고 매우 약한 상태의 진공을 만들 수 있다. 성능이 우수한 청소기일수록 팬의 회전 속도가 크고 내부 압력을 낮게 만들 수 있겠지만, 진공으로 만들 수는 없다.

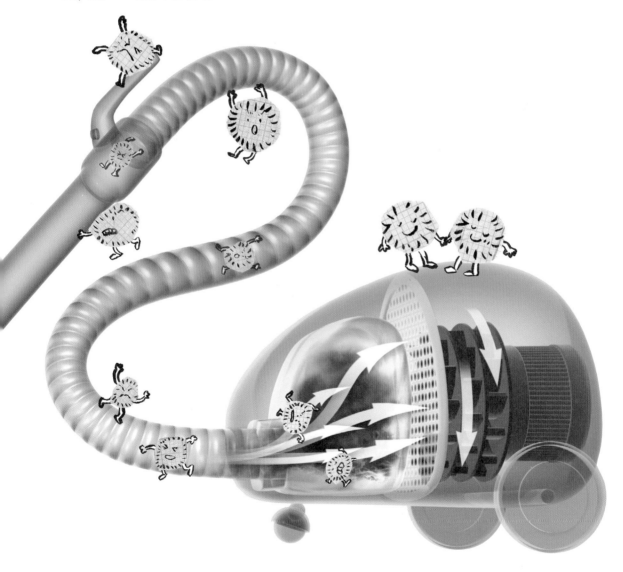

5

생물의 연속성

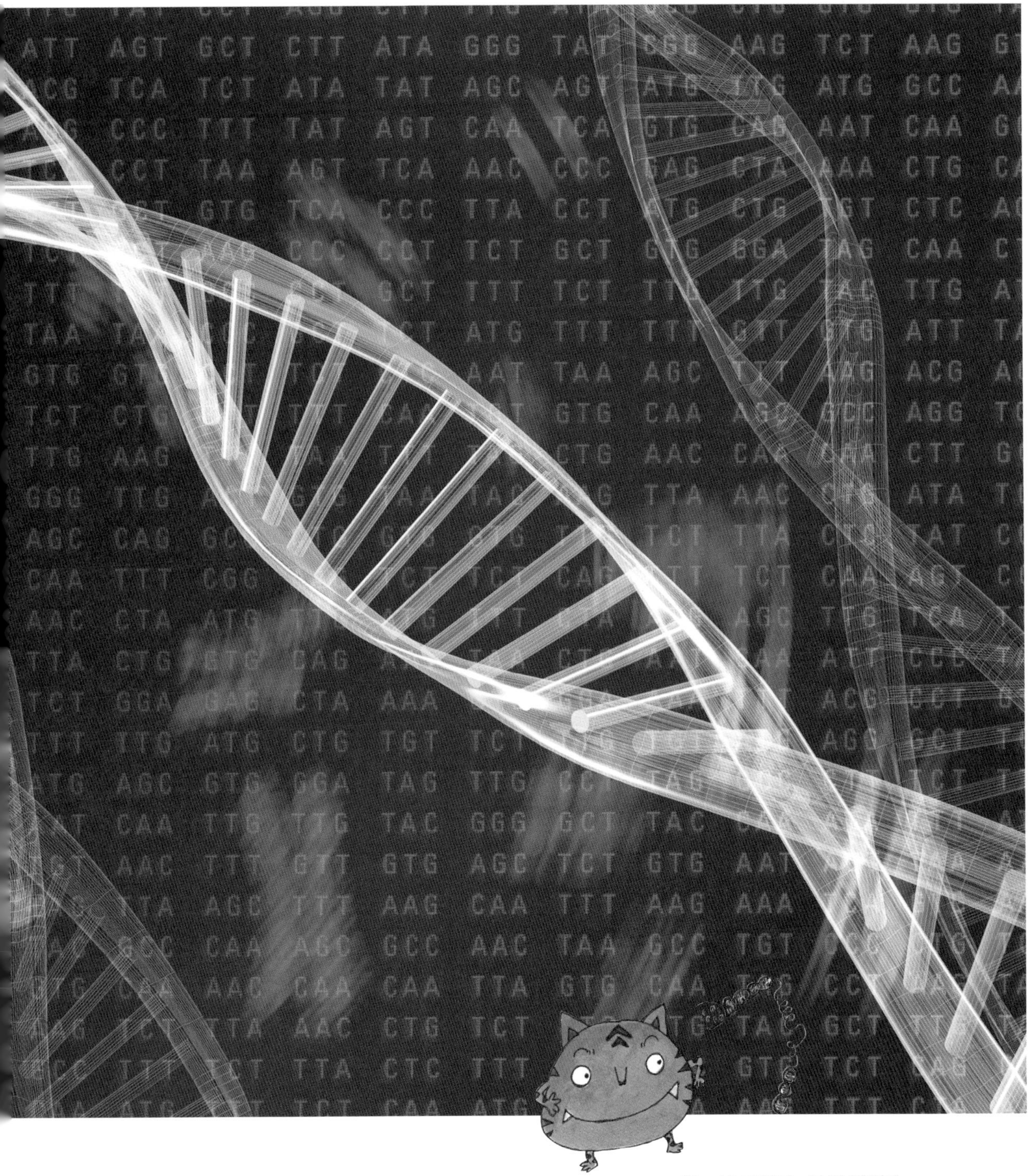

❶ 생식이란 무엇일까?

❷ 발생의 과정

❸ 생명체의 탄생

❹ 유전의 비밀

❺ 지구의 역사와 고생물

1 │ 생식이란 무엇일까?

길에서 우연히 초등 학교 동창생 자현이를 만난 준범이는 제법 숙녀티가 나는 자현이의 모습에 놀라고 만다. 늘 귀여워 보였던 자현이가 이토록 아름다워지다니! 그렇지만 하필 지금 만날게 뭐람? 얼굴은 여드름투성이에 목소리까지 이상해져 이름을 부를 수도 없는데……. 그런데 왜 준범이 가슴은 콩닥콩닥 뛰고 얼굴은 빨개지는 걸까?

│ **사춘기의 비밀** │ 남자와 여자는 태어나면서부터 다르다. 태어나서 12세까지를 '유년기' 라고 하는데, 이 시기에는 남녀의 차이가 생식 기관에만 있을 뿐이다. 이처럼 생식 기관에 따라 성의 특징이 구분되는 것을 1차 ※성징이라고 한다.

어린이의 몸은 10세가 넘어가면 조금씩 변하기 시작해서 점점 어른의 몸을 닮아 가는데, 바로 이 때가 사춘기이다. 사춘기에 남자와 여자의 신체적 특징의 차이가 두드러지게 나타나는 것을 2차 성징이라고 한다.

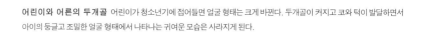

어린이의 두개골　　　　　　　　　　　　어른의 두개골

어린이와 어른의 두개골 어린이가 청소년기에 접어들면 얼굴 형태는 크게 바뀐다. 두개골이 커지고 코와 턱이 발달하면서 아이의 둥글고 조밀한 얼굴 형태에서 나타나는 귀여운 모습은 사라지게 된다.

사춘기에 접어들면 성 호르몬의 분비가 활발해져 생식 기관의 발육이 뚜렷해지고 그 기능도 활발해진다. 또 여성은 주기적으로 월경을 하게 되고, 가슴과 골반이 커지며 피하 지방이 풍부해진다. 이러한 변화는 주로 아이를 낳고 기르기 위한 준비 과정이다. 한편, 남성은 여성에 비해 근육이 발달하고, 성대 역시 커져서 목소리가 굵어지고 후두가 돌출한다. 이처럼 신체적인 변화가 활발하게 일어나는 사춘기에는 이성에 대한 관심도 높아진다.

| 남자 아이에서 남성으로, 여자 아이에서 여성으로 | 사춘기에는 키도 많이 크고 얼굴 형태도 크게 바뀌어서 이마가 넓어지고 코와 턱이 발달한다. 특히 근육이 단단해져 강한 힘을 낼 수 있게 되는데, 남성이 여성보다 더 발달한다. 태어날 때 신체의 약 20%에 불과했던 근육이 사춘기에는 약 25%였다가 성인이 되면 약 40%에 이른다.

이러한 변화는 무엇보다도 남녀의 생식 기관에서 호르몬이 분비되면서 시작된다. 즉, 남성의 정소에서는 남성 호르몬 테스토스테론을 분비하고, 여성의 난소에서는 여성 호르몬 에스트로겐을 생산하기 때문에 남녀의 신체 변화가 일어난다.

여성은 골반뼈가 넓어지면서 엉덩이가 커진다. 생물학적으로 볼 때 이것은 임신했을 때 태아가 자랄 수 있는 공간을 좀더 확보하기 위해서이다. 11세 무렵부터 가슴이 나오기 시작하는데 한쪽 가슴부터 발달하기 시작한다. 가슴의 크기는 월경을 시작하는 시기와 관계 없으며 17세 무렵에 최대의 크기로 성장한다. 또한 여성 호르몬은 피하 지방을 발달시켜 여성의 몸매가 전체적으로 곡선형으로 발달하게 하며 탄력을 유지시켜 준다.

이 시기에는 남자와 여자 모두 겨드랑이와 사타구니에 털이 난다. 특히 남성 호르몬은 콧수염과 턱수염, 구레나룻이 자라게 한다.

그러면 성 호르몬인 테스토스테론은 남성에게서만 분비되고 에스트로겐은 여성에게서만 분비될까? 그렇지 않다. 남성과 여성은 두 호르몬을 모두 분비한다고 알려져 있다. 남녀의 차이는 성 호르몬의 분비량에 따라 다르게 나타나는 것이다. 그런데 여성에게서 남성 호르몬이 보통 여성보다 많이 분비되면 남성 같은 여성의 모습이 나타나고, 남성에게서 여성 호르몬이 많이 분비되면 여성 같은 남성이 나타나기도 한다.

| 생식 기관의 변화 | 사춘기에 나타나는 가장 중요한 변화는 아이를 가질 수 있는 능력이 생기는 것이다. 생식 기관이 발달하여 아이를 가질 수 있는 정자와 난자라는 생식 세포를 생산할 수 있게 된다.

남성의 생식 기관은 정소와 그 부속샘으로 이루어져 있다. 남성은 사춘기 이후에 정소에서 정자와 남성 호르몬을 만들어 낸다. 정소에서 만들어진 정자는 부정소에서 성숙되어 수정관을 통해 요도로 운반된다. 요도는 음경의 내부에 있는 속이 빈 가느다란 관으로 오줌이 지나가는 길이며 이 요도를 통해 몸 밖으로 배출된다. 정낭과 전립샘은 정자의 활동에 필요한

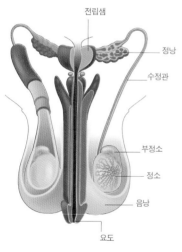

남성의 생식 기관
남성은 사춘기 이후 정소에서 정자와 성호르몬을 생산하기 시작한다. 전립샘과 정낭에서는 정자의 활동에 필요한 정액을 생산한다.

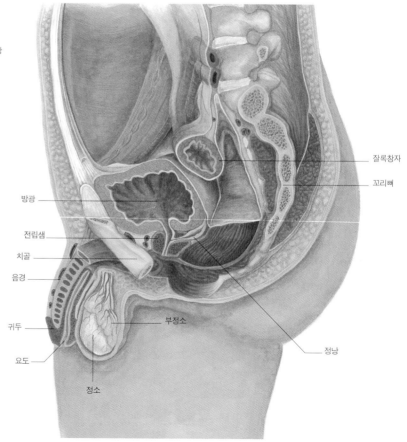

양분과 물질로 구성된 정액을 분비한다.

여성의 생식 기관은 난소·나팔관·수란관·자궁·질로 구성되어 있으며 남성의 생식 기관과 달리 수정, 태아의 발육, 출산과 같은 다양한 기능을 담당한다. 난소는 자궁의 좌우에 각각 1개씩 있으며 난자를 만들고 여성 호르몬을 분비한다. 난소에서 생긴 난자를 자궁으로 보내는 통로를 수란관이라고 하고, 수란관의 입구를 나팔관이라고 한다. 나팔관은 난소를 감싸고 있으며 배란된 난자를 수란관으로 보내는 역할을 한다. 자궁은 수정란이 착상하고 태아가 자라는 장소이다. 질은 자궁과 외부를 연결하는 통로이다. 질의 길이는 대개 6~7cm 정도이고, 세균에 감염될 수 있으므로 산성의 분비물을 내어 해로운 미생물의 성장을 억제한다.

남성과 여성은 사춘기가 되면 생식 기관이 더 커지고 색깔도 짙어진다. 여성은 이 시기에 난자를 생산하기 시작하여 월경이 시작된다.

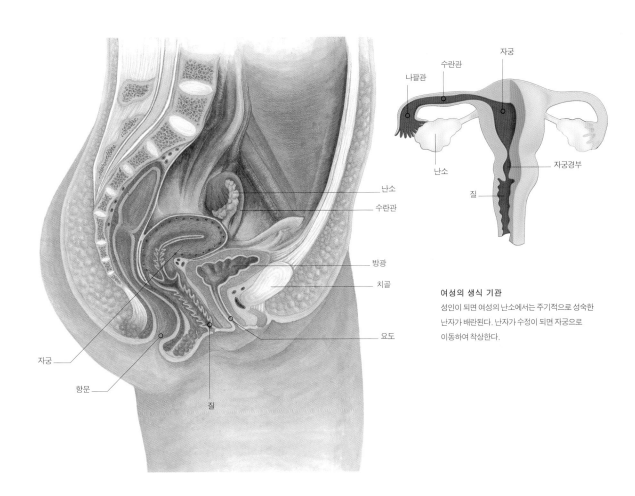

여성의 생식 기관
성인이 되면 여성의 난소에서는 주기적으로 성숙한 난자가 배란된다. 난자가 수정이 되면 자궁으로 이동하여 착상한다.

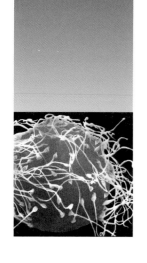

2 | 발생의 과정

정자와 난자의 만남, 그리고 이어지는 생명 탄생의 과정은 신비에 가깝다. 그러나 한 편의 드라마와도 같은 생명 탄생 이야기도 정자와 난자가 있어야만 가능하다. 그렇다면 정자와 난자는 어떻게 만들어지며 어떻게 만날까? 엄마의 뱃속에서는 도대체 어떤 일들이 일어나는 걸까?

| 정자와 난자의 만남, 생명이 탄생되는 순간 | 사춘기 이후의 남성은 정소에서 정자를 생성한다. 정자는 아주 단순한 구조로 이루어진 세포로, 사람의 세포 중 가장 작다. 정자머리의 대부분은 핵이 차지하며 그 속에는 유전 물질이 들어 있다. 정자의 역할은 핵 속에 들어 있는 남성의 유전 물질을 난자에 전달하는 것이다. 정자는 긴 꼬리를 움직이면서 이동하는데, 이들은 따로 영양분을 가지고 있지 않으므로 정자를 둘러싼 정액에서 영양분을 얻는다.

정자 사람의 세포 중 가장 작은 정자는 머리, 중간부, 꼬리로 구성되어 있다. 머리에는 유전 물질을 담은 핵, 중간부에는 에너지원이 되는 미토콘드리아가 들어 있고, 꼬리는 운동성을 지닌 구조로 되어 있다.

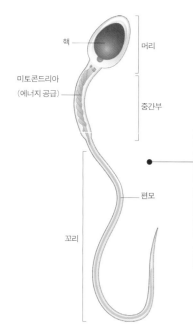

정자가 만들어지는 고환 남성의 고환에서 정자가 만들어지는 것을 주사전자현미경으로 촬영한 모습이다. 둥근 세포들은 미래의 정자가 만들어질 정모세포로 미성숙한 정자들이다. 그러나 중앙에 실처럼 존재하는 것은 성숙한 정자의 편모이다. 정자들은 고환에서 출발하여 정낭에 모이게 되고 전립샘액과 함께 배출된다.

난자는 핵·세포질·난황·투명대로 이루어져 있는데, 난자는 난황 물질이 들어 있기 때문에 정자보다 훨씬 크고, 투명대라는 막으로 싸여 있다. 난황은 수정란이 모체로부터 영양분을 받기 전까지 이용되는 영양 물질이다. 난자의 핵 역시 유전 물질을 가지고 있다. 정자와 난자가 결합하여 남성과 여성의 유전자가 융합해야 비로소 하나의 완성된 개체가 만들어질 수 있다.

│ **정소가 몸 밖에 있는 이유** │ 정자를 생산하는 정소는 남성의 생식 기관 중에서 가장 중요한 곳이다. 그런데 위험하게도 정소는 몸 밖에 노출되어 있다. 왜 그럴까? 정소가 몸 밖에 있는 것은 체온보다 약 3~5℃ 낮은 온도에서 정자가 가장 잘 생산되기 때문이다.

날씨가 더울 때나 뜨거운 물에 들어갔을 때는 정소를 둘러싸고 있는 음낭의 근육이 이완되어 정소가 복부나 허벅지에서 멀어진다. 그러나 날이 추워지거나 찬물에 들어가면 음낭 근육은 수축해서 정소를 따뜻한 몸 가까이로 가져온다. 이것은 정소의 온도를 알맞게 유지하려고 정소의 위치를 옮기는 것이다.

남자가 꽉 끼는 속옷이나 청바지 등을 입으면 체온이 정상보다 2~3℃ 올라가고, 정소의 온도도 따라 오르기 때문에 정자 생산 능력이 떨어진다. 따라서 정자를 원활히 생산하기에 적당한 온도를 유지하려면 의복을 적절히 착용하고 체온을 조절해야 한다.

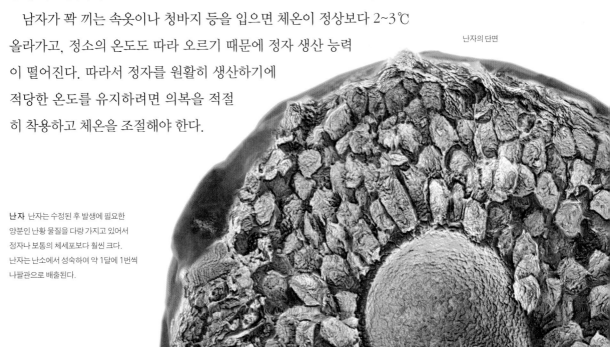

난자의 단면

난자 난자는 수정된 후 발생에 필요한 양분인 난황 물질을 다량 가지고 있어서 정자나 보통의 체세포보다 훨씬 크다. 난자는 난소에서 성숙하여 약 1달에 1번씩 나팔관으로 배출된다.

기형 정자
정상인의 경우 2억~3억 마리의 정자
중 25% 정도가 기형이다. 이 정자들은
난자가 수란관까지 이동하는 경쟁에서
탈락한다.

| 정자들의 살신성인 | 남성의 몸 밖으로 배출된 정액에는 2억~3억 마리의 정자가 들어 있다. 정상인의 경우 이들 정자 중 약 25%는 기형이거나 이상이 있다. 머리가 둘 달린 정자, 생기다 만 정자, 바이러스에 감염된 정자, 꼬리가 둘 달린 정자 등등. 이들 기형 정자는 난자가 있는 곳까지 도달하기 전에 거의 대부분 사라지고 만다.

남성의 몸에서 배출된 정자들은 난자를 만나기 위해서 피나는 노력을 시작한다. 난자를 만나러 가는 길은 너무나도 험난하여 꼬리를 힘차게 치는 건강한 정자만 난자를 만날 수 있다.

여성의 질 속에 들어온 2억~3억 마리 정자 중 절반 이상이 그 자리에서 죽는다. 여성의 질에서 강한 산성의 분비물이 나오기 때문이다. 여성의 질 속에서 정자들은 살아남기 위해 서로 뭉쳐 있다. 정자 한 마리를 여러 마리가 에워싸고 질의 강한 산성으로부터 지켜 주며 운반하기도 한다.

| 정자들의 치열한 생존 경쟁 | 질 속에서 살아남은 정자는 자궁을 거쳐 난자가 있는 수란관을 향해 이동한다. 정상적인 상태에서 정자가 여성의 질에서 나팔관에 이르는 15cm의 거리를 운동해 가는 데 약 45분이 걸린다. 이 과정에서 어떤 정자는 자궁벽이 난자인 줄 알고 진입을 시도하기도 하고, 어떤 정자는 난자가 없는 난관으로 들어가기도 한다. 또 어떤 정자들은 자기들끼리 머리를 부딪치거나 세포를 난자로 착각하

정자와 난자의 수정 2억~3억 마리의 정자 중 난자 근처까지 도달한 정자는 50~60마리에 불과하다. 이들 중 단 한 마리만이 난자와 결합한다.

고 수정을 시도하기도 한다. 이렇게 길을 잘못 들어서거나 엉뚱한 행동을 하는 정자들은 경쟁에서 탈락하고 만다. 천신만고 끝에 난자 근처에 도달하는 정자는 50~60마리 정도에 불과하다. 이 정자들 중 난자와 결합할 수 있는 것은 오직 한 마리뿐이다. 정자의 머리에는 첨체가 있고, 여기에는 난자의 세포막을 녹일 수 있는 효소가 들어 있다.

정자들은 첨체를 터뜨려 난자의 세포막을 녹이려고 한다. 시도하다 지치면 다른 정자가 가서 녹이고, 그러다 지치면 또다른 정자가 시도한다. 이런 일이 반복되다가 마침내 운이 좋은 정자가 난자의 세포막을 뚫고 들어가게 된다. 이렇게 몇 번의 고비를 넘기며 험난한 과정을 거쳐 난자와 정자가 드디어 만나게 된다. 이 과정을 '수정'이라고 한다.

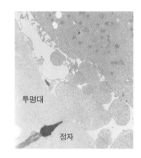

수정되는 난자
난자와 정자가 만나서 수정되는 순간을 촬영한 투과전자현미경 사진이다. 하나의 정자가 난자의 투명층이라는 막을 뚫고 들어가는 중이다. 정자 머리의 앞부분에는 난자의 막을 녹이는 효소가 있다.

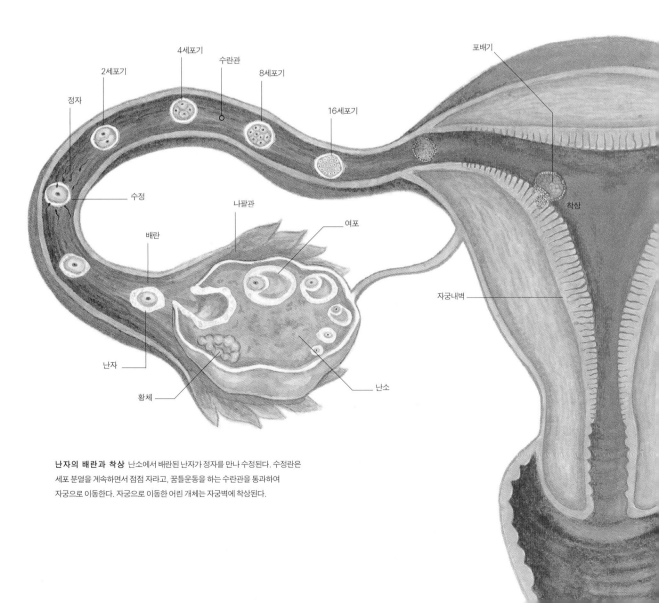

난자의 배란과 착상 난소에서 배란된 난자가 정자를 만나 수정된다. 수정란은 세포 분열을 계속하면서 점점 자라고, 꿈틀운동을 하는 수란관을 통과하여 자궁으로 이동한다. 자궁으로 이동한 어린 개체는 자궁벽에 착상된다.

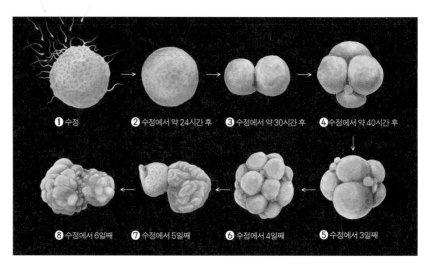

수정란의 세포 분열(난할) 수정 후 수정란은 곧바로 세포 분열을 시작한다. 분열을 하면 할수록 세포의 수는 늘지만 크기는 계속 줄어드는 분열, 즉 난할을 한다.

| **수정과 임신** | 정자와 난자가 만나 수정하려면 다음 2가지 조건이 갖추어져야 한다. 첫째, 난자가 배란되는 때에 맞추어 수란관에 정자가 도달해 있어야 한다. 난소에서 배출된 난자는 수명이 1~2일밖에 되지 않으므로 난자의 배란일에 정자가 와 있어야 수정할 수 있다. 둘째, 정자의 수가 충분해야 한다. 정액 1mℓ당 정자의 수가 1억 마리 미만이면 임신하기에 충분하지 못하다.

정자와 난자가 만났다고 해서 곧바로 임신이 되는 것은 아니다. 배란된 난자가 정자와 만나 수정된 수정란은 난자 안에 들어 있던 양분을 이용해서 곧바로 분열을 시작한다. 이 수정란은 꿈틀운동을 하는 수란관을 5~7일 만에 통과하여 자궁으로 이동한다. 그런 다음 자궁 내막에 파묻히게 되는 것을 착상이라고 하며 이 과정이 완전히 이루어졌을 때 임신이 되었다고 한다.

| **자궁은 아기가 자라는 집** | 여성의 자궁은 태아를 보호하기 위해 아랫배 깊숙한 곳에 자리잡고 있다. 자궁에서 태아가 자라면 자궁의 크기는 20배 이상 늘어나고 아기를 낳자마자 자궁은 줄어들기 시작하여 본

래 크기로 돌아오는 데 2달 정도 걸린다.

사람의 임신 기간은 개인에 따라 약간의 차이가 있지만 보통 40주이다. 이는 마지막 월경 시작일부터 10개월이 채 안 되는 280일 동안이다. 임신을 확인할 수 있는 첫째 증상은 무월경 현상이다. 그러나 월경이 한 번 없었다고 하여 임신이 되었다고 확신할 수는 없다. 이럴 때 구토 등 다른 증상이 나타나고 유방이 팽팽하게 커지며 쉽게 피로를 느끼고 수면량이 늘어난다면 임신일 가능성이 높다.

임신 진단 키트

요즘에는 소변 검사로 임신을 진단하는 키트가 개발되어 임신 여부를 간단히 확인할 수 있다. 임신을 하게 되면 태반에서 호르몬이 분비되는데, 임신 진단 키트는 이 호르몬과 항체가 결합하면 색이 나타나도록 만든 것이다. 무한 경쟁을 통한 난자와 정자의 만남, 이렇게 해서 새 생명은 시작된다.

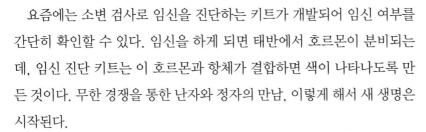

분만 예정일은 어떻게 알까?

여성이 임신하게 되면 태반이 형성될 때까지 황체가 퇴화되지 않는다. 이 때 황체에서는 프로게스테론이라는 여성 호르몬이 분비되는데, 프로게스테론은 배란과 여포 자극 호르몬의 분비를 억제할 뿐만 아니라 자궁벽을 두껍게 유지시켜 준다. 따라서 임신을 하면 여성은 월경을 하지 않게 된다.

보통 여성의 임신 기간은 수정된 날부터 평균 266일 정도이다. 수정된 날은 배란 후 2~3일 이내이고 배란은 월경이 시작된 지 14일 이후에 나타나므로 마지막 월경 시작일을 기준으로 하면 약 280일 정도 걸리는 셈이다.

예를 들어, 월경 주기가 28일인 여성이 임신 전 마지막 월경 시작일이 11월 1일이었다면 수정은 11월 15일 전후에 이루어졌고 출산 예정일은 마지막 월경 시작일부터 280일이 지난 다음 해 8월 10일경이다.

3 | 생명체의 탄생

한 생명체가 태어나려면 열 달 동안 엄마의 뱃속에서 지내야 한다. 뱃속의 아기는 엄마가 먹는 음식의 맛도 알고 엄마 주위에서 들려오는 목소리와 음악도 듣는다고 한다. 그래서 아기를 가진 엄마들은 태교에 그토록 열심이다. 그런데 정말 뱃속의 아기가 느낄 수 있을까? 언제부터 아기는 사람으로 인정받을까?

이란성 쌍둥이
난자가 2개 이상 배란되어 2개 이상의 수정란이 생긴 경우로, 이란성 쌍둥이는 성별·유전적 구조·특성 등이 다를 수 있다.

| **세상에서 아기를 가장 많이 낳은 사람** | 지금은 갈수록 심각해지는 출산율 저하를 막으려고 정부에서 갖가지 정책을 펴는 등 인구 늘리기에 주력하고 있지만 불과 수십 년 전만 해도 자녀가 10명 이상 되는 가정도 많았다. 전세계에서 현재까지 아이를 가장 많이 출산한 기록은 얼마나 될까? 기록에 남아 있는 최다산 기록은 1725~1765년까지 69명의 아이를 출산한 러시아 여성, 표도르 바실리에프이다.

그녀는 쌍둥이를 16번, 세 쌍둥이를 7번, 네 쌍둥이를 4번이나 낳았다고 한다. 현재 확인된 공식적인 기록은 칠레의 레오티나 알비나인데, 세 쌍둥이를 5번 낳은 것을 포함하여 44명의 아이를 낳았다.

| **일란성 쌍둥이와 이란성 쌍둥이** | 쌍둥이는 하나의 난자가 2개 이상의 정자와 결합했을 때 태어나는 것일까? 많은 사람들이 그렇게 알고 있지만 사실은 그렇지 않다. 하나의 난자가 2개 이상의 정자와 동시에 결합한다면 유전자는 1.5배 또는 2배로 증가하여 비정상적인 상태가 되기 때문에 생명체가 생겨나지 않는다.

쌍둥이는 일란성과 이란성으로 구분할 수 있다. 일란성 쌍둥이

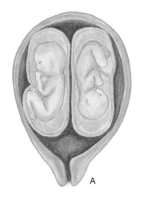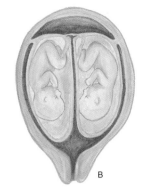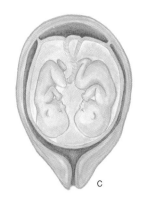

쌍둥이의 태반 형성 대부분의 이란성 쌍둥이나 일란성 쌍둥이라도 수정 초기(수정 후 3일까지)에 둘로 갈라진 경우에는 태반도 양막도 둘이 생긴다(A). 일란성 쌍둥이가 수정 후 4~7일 안에 분열한 경우나 이란성 쌍둥이가 태아의 장막에서 뻗은 융털이 결합한 경우에는 태반은 하나이고 양막은 둘이 된다(B). 일란성 쌍둥이가 착상 후(수정 후 7~13일)에 갈라지는 경우에는 태반과 양막을 공유하게 된다(C). 이 경우 태아끼리 결합하는 기형이 생길 위험이 높다.

는 1개의 수정란이 분열하여 2개의 세포가 되었을 때나 2개의 세포가 분열하여 4개의 세포가 되었을 때 세포들이 각각 독립된 개체로 자란 것을 말한다. 일란성 쌍둥이는 성별뿐만 아니라 혈액형, 유전자가 동일하다. 일란성 쌍둥이가 생기는 과정에서 수정란이 세포 분열한 후 분리되는 이유는 아직 정확하게 밝혀지지 않고 있다.

이란성 쌍둥이는 한꺼번에 배란된 2개 이상의 난자가 각각 다른 정자와 수정되어 자란 것으로 유전자도 다르고 성도 다를 수 있다.

사람의 자궁은 원래 하나의 개체만 자랄 수 있도록 되어 있는 기관이다. 그런데 둘 이상의 개체가 생긴다면 모체로부터 양분과 산소 등을 얻는 데 큰 어려움을 겪게 된다.

일란성 쌍둥이
일란성 쌍둥이는 하나의 정자와 난자가 수정한 후 수정란이 2세포가 되었을 때 2개의 개체로 분리되어 각각 자란 경우이다. 일란성 쌍둥이는 성별과 유전 형질이 같다.

| 생명의 시작 | 난자가 정자와 만나 수정된 지 6주 동안은 뇌·심장·콩팥·간·소화 기관·탯줄 등 여러 기관이 형성된다. 한 달 정도 자란 어린 개체를 배아라고 하며, 배아의 크기는 약 0.5cm 정도이다. 이 시기에는 양막이 점차 발달된다. 양막의 그 안쪽은 양수로 차서 외부 충격으로부터 배아를 보호해 주고 일정한 온도를 유지해 준다. 또한 태반이 발달하면서 탯줄이 생겨 배아와 모체 간에 양분과 노폐물을 주고받는다. 이 시기는 신체의 각 부분이 만들어지는 매우 중요한 기간이다. 특

히 이 시기에는 모체가 흡수한 술과 니코틴, 약물 등이 배아에게 직접 영향을 주어 신체적·지능적으로 비정상적인 아이가 될 수도 있다. 수정 후 8주 정도 되면 팔·다리·손가락·발가락 등 대부분의 기관이 형성되어 완전한 사람의 형상을 갖추게 된다. 이 때 배아의 크기는 약 2.5cm 이고, 남녀의 성 구별은 아직 어렵다.

〈태아의 성장〉

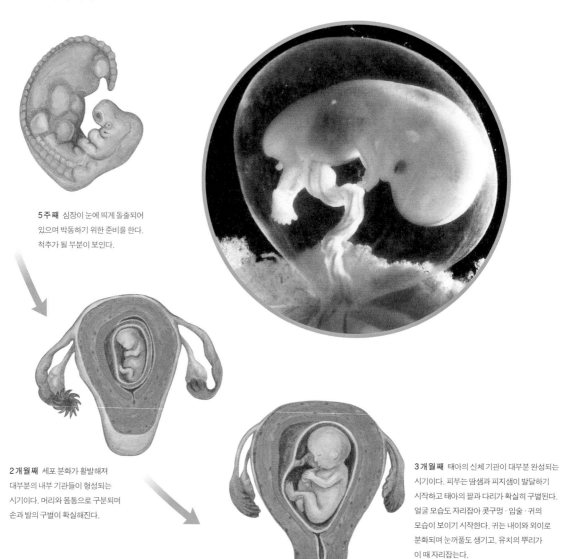

5주째 심장이 눈에 띄게 돌출되어 있으며 박동하기 위한 준비를 한다. 척추가 될 부분이 보인다.

2개월 째 세포 분화가 활발해져 대부분의 내부 기관들이 형성되는 시기이다. 머리와 몸통으로 구분되며 손과 발의 구별이 확실해진다.

3개월 째 태아의 신체 기관이 대부분 완성되는 시기이다. 피부는 땀샘과 피지샘이 발달하기 시작하고 태아의 팔과 다리가 확실히 구별된다. 얼굴 모습도 자리잡아 콧구멍·입술·귀의 모습이 보이기 시작한다. 귀는 내이와 외이로 분화되며 눈꺼풀도 생기고, 유치의 뿌리가 이 때 자리잡는다.

| 태어나기 전의 삶 | 임신 10주 이후부터는 배아를 완전한 하나의 개체로 인정하고 태아라고 부른다. 이 시기에는 외부 생식기가 더욱 분화되어 성 구별이 가능해지고, 태아의 움직임이 활발해진다. 임신 20주 정도부터는 자궁 안에서 잠도 자고 깨어 있기도 할 뿐만 아니라 몸이 완전한 모양을 갖추게 된다. 그러나 이 때 조산하게 되면 미숙아는 호흡 기관이 아직 불완전하기 때문에 생존이 불가능하다. 이 시기에는 외부 소리를 들을 수 있고 명암도 느낄 수 있다. 임신 30주가 되면 태아의 키는 약 35cm, 몸무게는 1~1.2kg 정도에 이르며, 신경계와 혈관계 등이 발달되어 거의 신생아의 모습에 가깝다. 아직은 외부의 감염에 대한 저항력이 아주 약하지만, 조산이 되어도 인큐베이터 안에서 생존할 수가 있다.

편안하고 안전한 자궁 안에서 10개월 동안 무럭무럭 자란 태아는 울음과 함께 세상에 태어난다. 출산시 태아의 몸무게는 2.8~3.7kg에 이르며 키는 약 50cm이다.

엄마의 뱃속에 있을 때는 숨쉬는 것부터 먹는 것 등을 모두 엄마가 대신해 주었지만, 태어나면서부터는 아기 스스로 이런 모든 일을 해야 한다. 특히 태어나서 힘차게 우는 것이 매우 중요하다. 새로 태어난 아이의 울음은 호흡의 일종이기 때문이다.

7개월 째 뇌에서는 지각·운동을 관장하는 부분이 발달하고 폐가 발달해 호흡을 하는 연습을 한다. 피부는 불그스름한 빛을 띠면서 불투명해진다. 입을 벌려 양수를 마시고 뱉기도 하고 손가락을 빨기도 한다.

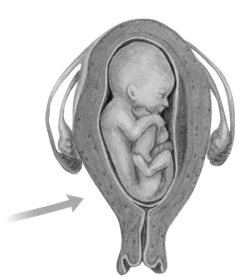

5개월 째 피하 지방이 붙고 골격과 근육이 만들어진다. 신경 세포가 발달하며 관절을 중심으로 팔다리를 움직일 수 있다. 손톱과 발톱도 생기며 처음으로 표정을 짓기 시작한다. 빛의 자극에 반응할 정도로 망막이 발달하며 외부 소리를 그대로 느낀다.

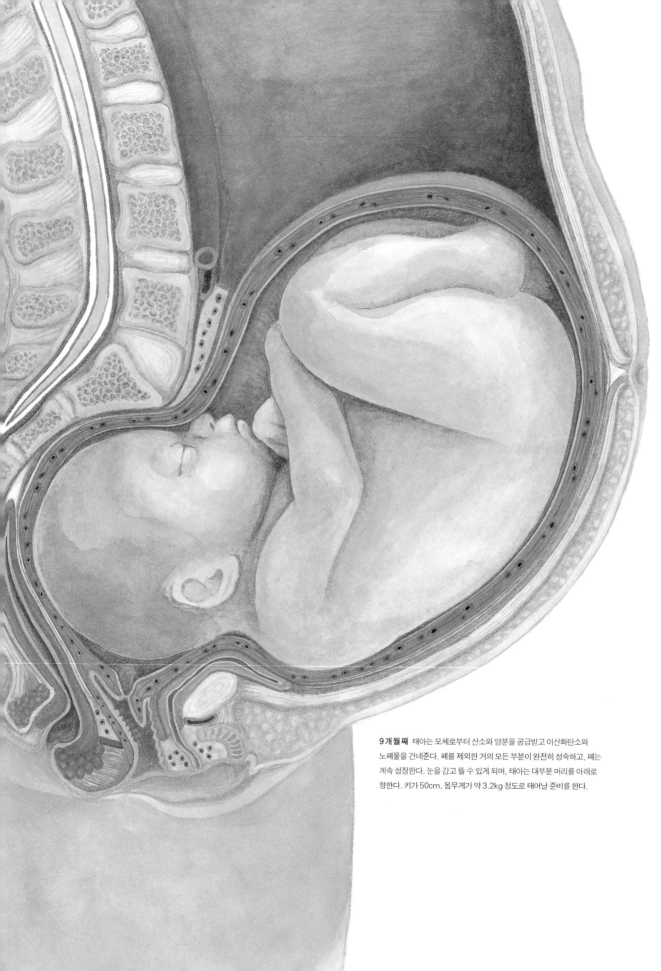

9개월째 태아는 모체로부터 산소와 양분을 공급받고 이산화탄소와 노폐물을 건네준다. 폐를 제외한 거의 모든 부분이 완전히 성숙하고, 폐는 계속 성장한다. 눈을 감고 뜰 수 있게 되며, 태아는 대부분 머리를 아래로 향한다. 키가 50cm, 몸무게가 약 3.2kg 정도로 태어날 준비를 한다.

아기의 성은 언제 결정될까?

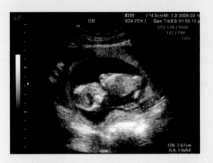

아기의 성은 수정되는 순간에 결정된다. 정자에 들어 있는 성 염색체가 아기의 성을 결정한다. 여성이 생산하는 난자에는 성 염색체인 X염색체가 들어 있다. 남성이 생산하는 정자의 절반은 X염색체를 가지고 있으며, 나머지 절반은 Y염색체를 가지고 있다. X염색체를 가진 정자가 난자와 결합하면 아기는 성 염색체를 XX로 갖게 되어 여자 아이가 되고, Y염색체를 가진 정자가 난자와 결합하면 성 염색체가 XY가 되어 남자 아이가 된다. 그런데 아기의 성은 임신 10주가 지나야 확실하게 구별할 수 있다. 10주까지는 배아의 형태에서 남녀에 따른 차이를 거의 찾아볼 수 없기 때문이다. 그러나 10주 이후가 되면 생식기의 양쪽 면이 불룩해지고, 중앙의 작고 둥근 돌기로부터 발달한다. 12~13주가 되면 여자 아이인 태아는 그 돌기가 음핵으로 발달하고, 불룩한 부분은 음순이 된다. 남자 아이의 경우 그 돌기는 음경으로, 불룩한 부분은 음낭으로 발달한다.

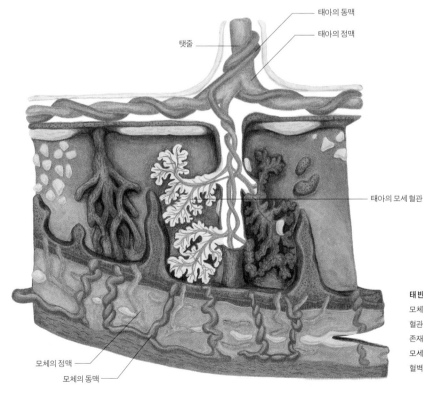

태반에서의 물질 교환 태반에는 모체의 동맥과 정맥은 존재하지만 모세 혈관은 없다. 대신 혈액 구덩이가 존재한다. 이 곳에는 태아의 탯줄에서 온 모세 혈관이 분포하여 태아의 모세 혈벽을 경계로 물질 교환이 일어난다.

4 | 유전의 비밀

은수는 아빠와 붕어빵처럼 똑같다는 말을 듣고 속상하다. 예쁜 엄마를 닮았으면 좋으련만……. 은수 오빠는 엄마를 많이 닮았는데 왜 은수는 엄마를 조금도 닮지 않았을까? 그런데 자식은 어떻게 부모를 닮을까? 강아지나 송아지도 낳아준 어미를 닮는다. 이런 현상을 어떻게 설명할 수 있을까?

| 콩 심은 데 콩 나고 팥 심은 데 팥 난다 | 세계에서 머리가 가장 좋은 사람이 있었는데 얼굴이 매우 못생겼다. 또 얼굴이 아주 예쁘고 몸매는 늘씬하지만 머릿속은 텅 빈 여자가 있었다. 이 여자가 그 남자에게 말했다.

"우리 결혼해요. 그러면 세계에서 가장 좋은 머리에 얼굴과 몸매는 아주 훌륭한 아이가 태어나지 않을까요?"

그러자 이 남자는 한참 고민하다가 이렇게 대답했다.

"그런데 그와는 반대로, 얼굴이 못생기고 머리도 가장 나쁜 아이가 태어나면 어떡합니까?"

"콩 심은 데 콩 나고, 팥 심은 데 팥 난다."는 말처럼 생물은 자신과 닮은 자손을 남긴다. 사람도 자신을 닮은 자식을 남기는데, 자식이 부모를 닮는 현상을 '유전'이라고 한다. 유전은 부모에게서 나타났던 어떤 형질이 자식에게서도 나타나는 것을 말한다. 유전 현상은 외모뿐만 아니라 사람의 성격 등 보이지 않는 특징에서도 나타난다.

멘델 Gregor Johann Mendel, 1822~1884
오스트리아의 유전학자. 1856년부터 완두의 7가지 대립 형질을 이용한 유전 실험을 하여 '멘델의 법칙'을 발견하였고 1865년에 발표하였다. 멘델의 실험은 생물학사상 가장 훌륭한 업적의 하나로 꼽힌다.

| 유전학의 선구자, 멘델 | 자식이 어떻게 해서 부모의 특징을 닮는가 하는 문제는 이미 오래 전부터 학자들이 풀고자 했던 숙제였다. 이러한 유전 현상을 설명하려면 두 가지 문제를 설명할 수 있어야 한다. 첫째, 부모든 자식이든 그들이 가지고 있는 형질은 어떻게 해서 나타나는가? 또는 그 형질이 나타나도록 하는 것은 무엇인가? 둘째, 부모의 형질은 어떻게 자식에게 전달되는가?

이러한 내용을 담은 근대적인 의미의 유전 법칙을 처음으로 제안한 사람은 오스트리아의 수도원 사제였던 멘델이다.

〈 멘델이 실험했던 완두콩의 7가지 대립 형질 〉

형질	종자의 모양	종자의 색	종자 껍질의 색	콩깍지의 모양	콩깍지의 색	꽃의 위치	줄기의 키
대립 형질1	둥글다	황색	갈색	불룩하다	녹색	잎겨드랑이	크다
대립 형질2	주름지다	녹색	흰색	잘룩하다	황색	줄기의 끝	작다

황색콩 순종   녹색콩 순종

P(어버이)
녹색콩 수술의 꽃가루를 황색콩
암술머리에 묻지른다.

인위적으로 수분시킨다.

F₁(자손 1대)
모두 황색의 씨앗이 생긴다.

씨앗을 발아시켜 자라게
한 후 자가 수분시켜
F₂(자손 2대)를 얻는다.

F₂(자손 2대)
자손 2대에서는
황색콩과 녹색콩이
모두 나타난다.
(3 : 1의 비율)

황색콩   녹색콩
3   :   1

멘델은 1856년에 수도원 마당에서 6년에 걸쳐 완두콩을 재배하여 여러 가지 성질이 어떻게 유전되는지를 알아보았다. 먼저, 완두콩을 같은 형질이 나타나는 것끼리 계속 교배하여 순종을 찾아내었다. 그 다음 하나의 형질에 대해 서로 다른 특징을 갖는 것, 즉 대립 형질끼리 교배시켰다. 예를 들면, 완두콩의 모양이 둥근 것과 주름진 것, 떡잎이 노란 것과 녹색인 것, 줄기가 긴 것과 짧은 것 등 7쌍의 형질을 골라내어 이 대립 형질을 나타내는 순종끼리 교배시켰던 것이다. 그 결과 모두 둘 중 한 가지 형질만 나타났다. 멘델은 둥근 완두콩의 꽃가루를 주름진 완두콩의 암술에 묻혀 주는 방법(또는 둥근 완두콩의 암술머리에 주름진 완두콩의 꽃가루를 묻혀 주는 방법)으로 교배시켰다. 그 결과 수정된 암술에서 생긴 완두콩은 모두 둥근 모양이었다. 그래서 여기서 생긴 둥근 완두콩의 꽃에서 꽃가루를 암술머리에 인공적으로 수분시키고 다른 꽃가루가 들어오지 못하도록 꽃잎의 끝을 묶어 두었더니 둥근 콩과 주름진 콩이 모두 생겨났으며, 이들의 비율이 약 3 : 1 정도였다.

| 멘델의 유전 법칙 | 멘델은 완두콩의 교배 결과를 해석하기 위해 유전에 관한 몇 가지 원리를 가정했다.

첫째, 모든 생물의 유전 형질은 그 성질을 나타나게 하는 유전자가 있으며, 각 개체는 유전자를 쌍으로 가지고 있다. 완두의 모양을 보면 둥근 것과 주름진 것이 있는데 둥글게 나타나게 하는 유전자를 R, 주름지게 하는 유전자를 r로 표시하였다. 멘델의 실험

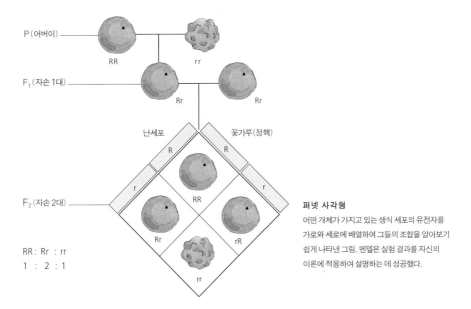

퍼넷 사각형
어떤 개체가 가지고 있는 생식 세포의 유전자를 가로와 세로에 배열하여 그들의 조합을 알아보기 쉽게 나타낸 그림. 멘델은 실험 결과를 자신의 이론에 적용하여 설명하는 데 성공했다.

에서 골라낸 순종 중 둥근 콩은 RR, 주름진 콩은 rr로 표시할 수 있다.

둘째, 한 쌍의 유전자는 각각 부모로부터 물려받은 것이며, 각 유전자는 생식 세포를 만들 때 분리되어 생식 세포로 들어간다. 멘델은 부모가 가지고 있는 2개의 유전자가 자손에게 전달되는데, 2개의 유전자 중 하나만 전달된다고 했다. 다시 말해 둥근 완두콩(RR)과 주름진 완두콩(rr)을 교배시키면 생식 세포 R와 r가 자손에게 전달되어 둥근 완두콩(Rr)이 나타난다.

셋째, 한 가지 형질에 대해 한 쌍의 유전자를 가지며, 서로 다른 대립 유전자가 만나면 두 가지 대립 형질 중 한 가지 형질만 나타난다. 이 때 드러난 형질을 우성, 드러나지 않은 형질을 열성이라고 한다.

두 번째 교배는 멘델 식으로 설명하면 Rr끼리 교배시키는 것이다. Rr는 유전자를 R와 r를 가지고 있으므로 자손에게 전달되는 유전자는 R와 r이다. 그러므로 Rr끼리 교배시키면 자손은 RR, Rr, rR, rr가 나타난다. 둥근 것(RR, Rr, rR) 3개와 주름진 것(rr) 1개가 생겨난다. 이렇게 해서 멘델은 자신이 생각해 낸 유전의 원리로 유전 현상을 설명할 수 있다는 사실을 확인하였다. 멘델은 이런 실험 결과를 정리하여 1865년에 〈식물의 잡종에 관한 연구〉라는 논문을 발표하였다.

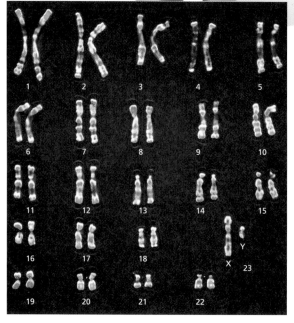

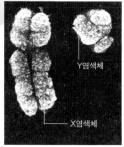

성 염색체 X 염색체는 남녀 모두 가지며 Y 염색체는 남성만 가진다. 여성는 XX, 남성은 XY 염색체를 가진다.

사람의 염색체 사람의 염색체는 23쌍으로 모두 46개이다. 23번째 염색체는 성을 결정하는 염색체이다.

| 멘델 법칙의 재확인 | 멘델의 유전 원리는 형질이 자손에게 어떻게 전달되는지를 잘 설명하고 있다. 멘델의 실험은 형질들의 일정한 비율을 보여 주었을 뿐만 아니라 예견하고 검증하였다. 그러나 이 실험은 당시의 학자들 사이에서는 인정받지 못했다. 멘델이 가정한 유전자 등의 존재는 확인될 수 없고 단지 가정에 지나지 않았다. 그러나 1865~1900년 사이에 세포의 구조와 수정 과정에 대한 연구 등 세포학 연구가 매우 활발하게 진행되면서 놀라운 일이 생겼다. 멘델이 이론적으로만 가정했던 유전자와 그들의 행동이 실제로 관찰되었던 것이다. 1903년에 미국의 생물학자 서턴Walter Stanborough Sutton, 1877~1916은 체세포에는 염색체가 쌍으로 존재하며, 생식 세포가 형성될 때 그 염색체 쌍이 각각 하나씩 분리되어 생식 세포에 들어간다는 것을 관찰하였다. 여기서 그는 멘델이 주장한 유전자가 염색체에 들어 있다고 주장하였다.

| 자식이 부모를 닮는 이유 | 사람의 체세포에는 염색체가 46개 있는데 모양과 크기가 비슷한 것이 2개씩 들어 있다. 하나의 핵 속에 23쌍의 염

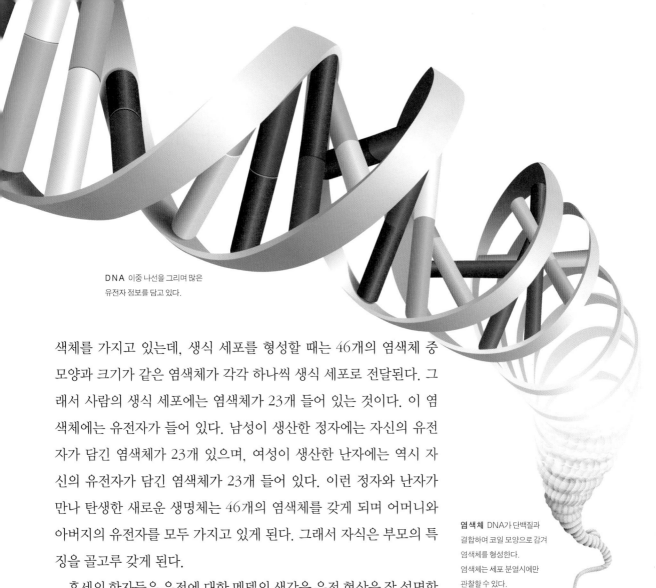

DNA 이중 나선을 그리며 많은
유전자 정보를 담고 있다.

염색체 DNA가 단백질과
결합하여 코일 모양으로 감겨
염색체를 형성한다.
염색체는 세포 분열시에만
관찰할 수 있다.

색체를 가지고 있는데, 생식 세포를 형성할 때는 46개의 염색체 중
모양과 크기가 같은 염색체가 각각 하나씩 생식 세포로 전달된다. 그
래서 사람의 생식 세포에는 염색체가 23개 들어 있는 것이다. 이 염
색체에는 유전자가 들어 있다. 남성이 생산한 정자에는 자신의 유전
자가 담긴 염색체가 23개 있으며, 여성이 생산한 난자에는 역시 자
신의 유전자가 담긴 염색체가 23개 들어 있다. 이런 정자와 난자가
만나 탄생한 새로운 생명체는 46개의 염색체를 갖게 되며 어머니와
아버지의 유전자를 모두 가지고 있게 된다. 그래서 자식은 부모의 특
징을 골고루 갖게 된다.

후세의 학자들은 유전에 대한 멘델의 생각을 유전 현상을 잘 설명할
수 있는 이론으로 받아들였고 많은 연구를 통해 이것을 뒷받침하였다.
즉, 유전자에 의해 형질이 나타나며, 유전자와 형질은 1 : 1 또는 다 : 1,
1 : 다로 나타난다는 것을 알게 되었다. 다시 말해 한 가지 유전자에 의
해 한 가지 형질이 나타나거나, 여러 개의 유전자가 한 개의 형질을 나
타나게 하는 경우도 있고, 그 반대의 경우도 있다는 것을 알게 되었던
것이다. 이 과정에서 유전자와 형질 발현의 관계가 좀더 명료화되고
보강되었다. 또한 유전 현상을 설명하는 데 많은 예외가 나타났던 우
성과 열성에 대한 설명은 유전 법칙에서 삭제되었다. 예외가 많은 법
칙은 이미 법칙이라고 볼 수 없기 때문이다.

5 | 지구의 역사와 고생물

지구의 나이는 대략 46억 년이라고 한다. 그 오랜 시간 동안 지구에서는 수많은 지각 변동이 있었고 무수한 생물들이 번성하다 사라져 갔다. 지구상에서 일어났던 지각의 변화는 어떻게 알 수 있을까? 또 과거 지구상에 살았던 생물들의 종류와 지구의 과거에 대해 알아볼 수 있는 흔적에는 어떤 것들이 있을까?

화석의 생성
생물의 유해나 흔적 등이 퇴적층에 매몰된 후 단단하게 굳어지고, 침식에 의해 위쪽 지층이 없어지면서 지표로 노출된다.

퇴적물에 매몰됨.

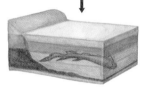

지층의 압력으로 굳어짐.

위층의 침식으로 화석이 노출됨

반감기
어떤 특정 방사성 핵종(核種)의 원자 수가 방사성 붕괴에 의해서 원래 수의 절반으로 줄어드는 데 소요되는 시간.

| 지층은 지구의 일기장 | 인간은 아주 오래 전부터 자신의 경험이나 주변의 상황들을 그림이나 문자 등을 이용하여 기록으로 남겼다. 지구의 변화 과정도 기록으로 남겨 두었다면, 지구의 과거를 알아보는 데 매우 유용한 자료가 되었을 것이다. 그러나 지구의 역사는 매우 길고, 인간은 지구의 역사에서 볼 때 아주 최근에 등장했다. 따라서 인간의 기록으로 지구의 과거를 모두 알 수는 없다. 그렇다면 지구의 과거는 어떻게 알아낼 수 있을까?

지표에서는 오랜 세월에 걸쳐 퇴적과 침식이 진행되었다. 특히 퇴적 작용은 과거에도 현재 일어나는 것과 같은 과정을 거치며 진행되었다. 따라서 퇴적암의 종류를 통해 퇴적 당시의 환경을 추정할 수 있다. 예를 들어, 자갈 등과 같이 무거운 물질로 이루어진 역암은 해안가에서 퇴적되어 굳어진 것이고, 진흙처럼 점토 성분으로 된 셰일은 비교적 먼 바다까지 이동한 후 퇴적되어 굳어진 것이다. 또한 화산재가 퇴적되어 굳어진 응회암은 화산 활동이 활발한 곳에서 형성된 것이며, 소금 성분이 굳어진 암염은 건조한 지역에서 형성된 것이다.

이처럼 지층 속에는 과거의 환경에 대한 흔적들이 남아 있다. 또한 암석 속에 포함된 특정한 방사성 원소를 통해 지층이 생성된 시기를 확인하기도 한다. 암석 속에 포함된 방사성 동위원소의 *반감기를 이용하면 지층이 형성된 시기를 알아 낼 수 있는데, 이렇게 밝혀진 지층의 생성 시기를 '절대 연대'라고 한다.

| **고생물의 흔적들** | 지층을 조사하다 보면 생물체의 흔적들이 남아 있는 경우가 있다. 오랜 시간 지층 속에 묻혀 있다가 윗부분이 침식되어 없어지면서 지표로 노출된 것이다. 과거 지구상에 살던 생물들은 특정한 환경에서 퇴적될 경우, 그 흔적이 없어지지 않고 남게 되는데, 이러한 흔적들을 '화석'이라 한다. 지층에 남아 있는 화석은 지층과 더불어 지구의 역사를 알아보는 데 매우 유용한 정보를 제공한다.

물론 모든 생물이 화석으로 남는 것은 아니다. 생물이 화석으로 남으려면 넓은 지역에 걸쳐 생존해야 하며, 그 개체 수가 많아야 한다. 또한 생물이 죽은 후 몸체가 부패하기 전에 퇴적물에 빨리 묻혀야 한다.

만약 서로 떨어진 지층에서 같은 종류의 화석이 발견되었다고 하자. 이 생물이 과거 특정한 시기에만 생존하다 멸종한 것이라면 이 생물의 흔적을 포함한 지층은 같은 시기에 퇴적된 것이다. 또한 특정한 환경에서만 생활하는 생물의 화석을 포함하고 있다면, 이 화석을 통해 지층이 형성된 당시의 자연 환경을 확인할 수 있다.

그 밖에도 생물의 외형적 특징을 살펴보고 육상 생물인지 수중 생물인

삼엽충 화석 삼엽충은 과거 고생대에 살던 생물로, '세쪽이'라고도 한다. 외형으로 보아 해저를 기어다녔던 것으로 추정된다. 삼엽충이 포함된 지층은 고생대에 생성된 것으로 볼 수 있다. 이와 같이 퇴적 시기를 알 수 있게 해 주는 화석을 '표준 화석'이라고 한다.

고사리 화석 오늘날 고사리는 따뜻하고 습기가 많은 지역에서 서식하므로 고사리 화석을 포함한 지층은 고온 다습한 지역에서 퇴적되었다고 추정할 수 있다. 이와 같이 퇴적 당시의 환경을 추전할 수 있게 해 주는 화석을 '시상 화석'이라고 한다.

지질 시대
지구의 탄생 무렵 또는 지구상에 최초의
암석이 형성된 시기부터 인류 문명이
시작되기 전까지의 기간으로,
선캄브리아 누대·고생대·중생대·
신생대로 구분한다.

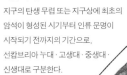

지 확인할 수 있다. 배설물 화석을 이용하면 주된 음식물의 종류나 당시의 주변 환경에 대해서도 알 수 있다. 이와 같이 지층 속에 포함된 화석은 지층이 생성된 시대 및 과거 생물에 대한 정보나 당시의 자연 환경에 대한 정보 등을 간직하고 있다.

| **지구상에서 일어난 큰 변화** | 지금부터 약 46억 년 전 우주 공간에서 원시 지구가 탄생하였다. 초기의 지구는 작은 천체들이 충돌할 때 발생한 열과 수증기로 뒤덮여 있었다. 고온 상태에서 증발한 수증기들은 온실 효과를 일으키면서 지표의 온도를 높였고, 지표면은 거의 마그마 상태로 존재하였다. 시간이 지나면서 작은 천체들의 충돌 횟수는 감소하기 시작하고 지표는 서서히 냉각되었다. 이 무렵 대기 중에 포함된 수증기들은 짙은 구름을 형성하고 엄청나게 많은 비를 뿌렸다. 지표의 냉각은 더욱 빨라지고 마침내 육지와 바다가 생성되었다. 원시 지구가 생성된 후 대략 6억 년쯤 지난 후의 일이었다.

원시 대기의 주성분은 메테인·이산화탄소·암모니아 등이었을 것으

선캄브리아 누대

중생대 화석 - 암모나이트 중생대의 해저에서 번성하던 생물로, 공룡과 더불어 중생대의 대표적인 표준 화석이다. 앵무 조개와 비슷하며 암몬 조개라 불리기도 한다. 대부분이 육식성으로 알려져 있다.

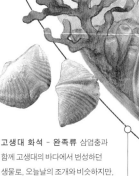

고생대 화석 - 완족류 삼엽충과 함께 고생대의 바다에서 번성하던 생물로, 오늘날의 조개와 비슷하지만, 조개와는 전혀 다른 생물이다. 고생대의 대표적인 표준 화석이다.

고생대
5억 7,000만 년 전

로 추정된다. 따라서 바다의 성분도 지금과는 많이 달랐을 것이다. 한편, 원시 바다에서는 대략 34억 년 전에 최초의 생명체가 출현하였다. 원시적인 단세포 생물이 출현한 이후 오랜 시간이 지나는 동안 많은 생물이 등장하였고, 이들의 번성과 쇠퇴가 반복되었다. 지구의 과거는 이러한 생물체들의 커다란 변화를 기준으로 크게 4개의 지질 시대로 구분된다.

원시 바다 속에서 극소수의 생물이 등장하였고 5억 7,000만 년 전 갑자기 많은 생물이 지구상에 등장하였다. 삼엽충·완족류·벨럼나이트를 비롯하여 고사리와 같은 양치식물 등이 번성한 이 시기를 '고생대'라 한다. 2억 5,000만 년 전 갑자기 대부분의 생물이 멸종하고 공룡과 같은 파충류가 번성하기 시작하였다. 그러나 6,500만 년 전, 겉씨식물과 함께 번성하였던 공룡 역시 지구에서 일어난 커다란 변화로 인해 멸종하고 말았다. 이 때까지를 '중생대'라 한다. 그 후 포유류가 번성하였는데, 이 때부터를 '신생대'라 한다. 신생대에는 오늘날 볼 수 있는 대부분의 생물이 등장하였으며, 속씨식물이 크게 번성하였다. 그리고 신생대 말기에 이르러 인류의 조상이 출현하였다.

공룡의 멸종
파충류의 일종인 공룡은 중생대에 크게 번성하였으나 중생대 말기에 이르러 짧은 기간 동안 멸종하였다. 공룡의 멸종 원인으로 '운석 충돌설'을 들 수 있다. 지름 10km 정도의 운석이 충돌하면서 극심한 환경의 변화로 인해 적응하지 못한 공룡들이 멸종했다는 것이다.

중생대
2억 7,500만 년 전

신생대
6,500만 년 전

생명의 진화
동물의 경우 어류 → 양서류 → 파충류 → 포유류로 진화하였는
데, 하등한 생물로 부터 고등한 생물로 발전하였다.

시조새
중생대 말기에 등장한 시조새는
파충류에서 조류로 진화해 가는 중간
단계의 생물로 추정된다. 깃털이나 부리,
날개 등은 조류와 비슷하지만, 꼬리뼈 및
부리에 이빨이 나 있는 등 파충류의
특징도 함께 가지고 있기 때문이다.

│생물의 새로운 생존 비법, 진화│ 지구상에 등장한 생물들은 출현
할 당시의 환경에 잘 적응한 것들이었다. 초기에 나타난 생명체들은
산소 없이도 살아갈 수 있는 단순한 형태의 박테리아들이었다. 그러
나 광합성을 시작한 생물들에 의해 대기 중에 산소가 늘어나면서 초
기의 생물들은 치명적인 해를 입게 되었고, 그 후에 산소로 호흡하는
새로운 종이 출현하게 되었다. 또한 대기 중의 산소 증가와 함께 자외
선을 차단할 수 있는 오존층이 형성되었고, 바다에서만 살던 생물들
이 육지로 진출하기 시작하였다.

오래 된 지층에 남아 있는 화석들과 비교적 새로운 지층에 남아 있는
생물의 화석을 비교해 보면 대체로 생물이 단순한 것에서 복잡한 것으
로, 하등한 생물에서 고등한 생물로 변화하고 있음을 알 수 있다. 이와

신생대 화석 - 화폐석 신생대 바다에서
번성하던 렌즈 모양의 유공충으로, 껍데기의 외형과
모양이 돈과 비슷해서 화폐석이라 불린다.

매머드
신생대에 살았던 생물로, 키는 약 4m,
몸무게는 4∼10t에 이른다. 온몸이 긴 털로
덮여 있으며, 피하 지방이 두껍게 발달해
있다. 주로 시베리아를 비롯한 북극권에
많이 서식하였다.

같이 생물체들은 환경에 적응하면서 새로운 종으로 진화해 온 것이다.

현재 지구상에는 200만 종이 넘는 생물이 존재하고 있다. 그러나 과거 지질 시대에 존재했다가 이미 멸종된 것이나, 아직 알려지지 않은 것까지 포함시킬 경우 지구상에 살았던 생물의 종류는 수없이 많다. 그 동안 숱하게 많은 생물들이 지구상에 번성하다가 사라져 갔으며, 일부는 진화를 거듭하면서 새로운 환경에 적응해 오고 있다.

그러면 인간은 어떠할까? 지금까지 지구상에 등장한 생물 중 가장 고등한 생물이 바로 인간이다. 그러면 인간도 다른 생물들처럼 새로운 진화 과정을 거치면서 변화되는 환경에 계속 적응해 갈 수 있을까? 지구의 역사에 관심을 쏟는 것만큼이나 앞으로의 인간의 운명에 높은 관심을 보이는 것은 인간만이 가질 수 있는 궁금증이 아닐까?

인간 생식의 신비

아이들은 종종 '아기는 어떻게 생기나요?'와 같은 질문을 하여 어른들을 당황하게 한다. 그와 같은 질문을 받을 때 흔히들 남자는 씨, 여자는 밭에 비유하여 설명하곤 한다. 이런 설명은 맞는 것일까?

생식에 대한 과학적 지식이 없어도 사람은 아이를 낳고 기르면서 종족을 유지하며 살아왔다. 그러나 아주 오래전부터 과학자들은 사람이 어떻게 해서 태어나 자라고 늙고 죽는지에 대해 많은 관심을 가져왔다. 생식 현상을 마술의 문제가 아니라 자연적인 절차로서 이해하려는 최초의 노력은 기원전 1세기로 거슬러 올라간다. 그리스의 의사 소라누스Soranus, ?~?는 오랜 관찰을 바탕으로 조산에 관한 일련의 논문인 〈부인과 의학〉을 저술하였다고 한다. 이후로도 몇 세기에 걸쳐 증명되지 않은 이상한 학설이 많이 나와 인기를 얻었다 사라지곤 했다. 레오나르도 다 빈치의 '자궁 스케치'는 월경혈이 임신 중에는 보존되었다가 유방에서 모유로 변한다는 생각을 잘 보여 주고 있다.

당시에는 새로운 과학적 사실이 발견되어도 과학자들은 엉뚱한 상상을 하곤 했다. 네덜란드의 박물학자 레이우엔훅Antonie van Leeuwenhoek, 1632~1723이 1677년에 획기적으로 정자를 발견하자 당시 학자들은 각 남성 성 세포에는 조그만 남자가 쭈그리고 들어가 있다고 생각했다. 어떤 사람은 말의 정자 속에 작은 말이 들어가 있는 것을 보았다고 주장하기까지 했다. 16세기

스위스의 화학자 파라셀수스Paracelsus, 1493~1541는 인간
의 정자와 말똥을 40일간 가열하면 영혼이 없는 조그만
사람을 만들 수 있다고 믿었다.

여기에는 남성 중심의 사고가 반영되어 있다. 다시 말
해 남성의 정자 속에는 아주 작은 사람, 즉 한 인간을 결
정하는 모든 요소가 들어 있고, 여성의 난자와 몸은 단지
이러한 작은 사람이 완전한 인간이 되는 데 필요한 양분
과 환경을 제공한다는 것이다. 이러한 생각은 한 개체의
운명은 태어나기 전에 이미 결정되어 있다는 결정론 또
는 전성설을 반영하고 있다.

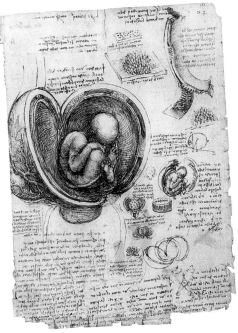

레오나르도 다 빈치의 자궁 스케치

그러나 현미경과 같은 아주 작은 것도 확대할 수 있는
기술이 발달하면서 16, 17세기에 풍미했던 극미인(정자
속의 매우 작은 사람)의 존재는 찾아볼 수 없었다. 또한 남성 중심의 극미인은 자식이 왜 부
모를 모두 닮는지에 대한 설명을 충분히 할 수 없었다.

하나의 생명체가 태어나기 위해서는 남성의 정자와 여성의 난자가 수정되어야 한다는 사
실이 알려지기까지는 많은 시간이 흘렀고, 19세기 중반이 되어서야 생명의 위대한 기적을 이
해하게 되었다. 그 때부터 정자와 난자에는 각각 남성의 유전자와 여성의 유전자가 들어 있어
새 생명의 특성을 결정짓는다는 생각을 갖게 되었으며, 이후로는 하나의 생명체가 자랄 때 환
경에 따른 변화의 가능성 또는 후성설이 과학자들의 주목을 받게 되었다.

지구의 나이를 알아내라

자연계에는 원자 번호가 같지만 중성자 수는 다른 동위원소들이 있다. 이 가운데 원자 상태가 불안정해서 방사선을 방출하면서 붕괴하여 다른 원소로 변하는 것들이 있는데, 이들을 방사성 동위원소라고 한다.

방사성 동위원소들이 붕괴하여 다른 원소로 변하는 기간은 제각기 다르다. 방사성 원소의 양이 처음의 절반으로 줄어드는 데 걸리는 시간을 반감기라고 하는데, 반감기는 주위의 물리적·화학적 조건에 관계없이 핵물질의 종류에 따라 고유한 값을 갖는다. 따라서 지층의 암석 속에 포함된 방사성 원소의 반감기를 알고 그 성분비를 분석해 보면, 암석이 생성된 시기를 알아낼 수 있다. 과학자들은 지층이나 암석의 나이를 알아보기 위해 이처럼 암석 속에 포함된 방사성 원소들을 이용한다.

운모나 장석에 포함되어 있는 칼륨(^{40}K)은 약 13억 년이 지난 후 처음 양의 절반이 아르곤(^{40}Ar)으로 변한다. 곧 암석이 생성될 당시에 포함되어 있던 칼륨은 13억 년이 지난 후에 50%가 되고, 다시 13억 년이 지난 후에는 처음 양의 25%가 남는다. 결국 암석 속에 남아 있는 아르곤(^{40}Ar)과 칼륨(^{40}K)의 비가 75% : 25%라면, 그 암석이 26억 년 전에 생성되었다는 것을 알 수 있다. 이같이 암석 속에 포함된 방사성 원소의 반감기를 이용하여 측정한 암석의 나이를 절대 연령이라고 한다.

지구상에서 가장 오래 된 암석의 연령을 확인한다면, 지구의 나이를 추정하는 데 도움이 될 것이다. 방사성 동위원소를 이용하여 측정한 가장 오래 된 암석은 캐나다의 아카스타 지역에

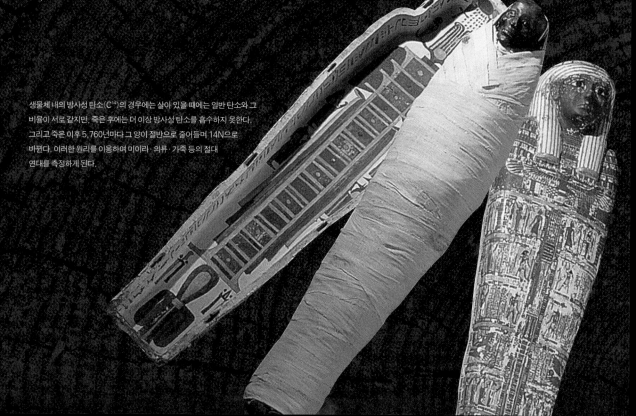

반감기 곡선 각 방사성 원소들마다 반감기가 다르며, 반감기가 지날 때마다 원래 원소의 양은 2분의 1씩 감소하여 다른 원소로 바뀐다.

반감기 / 반감기 / 2T / 반감기 / 3T / 4T / T

서 발견되었다. 이 암석의 절대 연대는 40억 년 정도라고 한다. 그렇다고 해서 지구의 탄생기가 이 무렵이라고 보지는 않는다. 지구가 탄생한 시기는 그보다 훨씬 더 오래 되었을 것이다. 그런데 1969년, 달에 착륙했던 아폴로 11호가 가지고 온 월석의 방사성 동위원소를 찾아 조사한 결과 그 나이가 무려 45억 년에 이르렀다. 또한 지구에 떨어진 운석의 나이도 46억 년 정도라고 한다. 지구와 함께 태양계를 이루는 달이나 다른 행성, 운석들은 모두 거의 같은 시기에 생성되었을 것으로 추정된다. 따라서 지구도 그 무렵에 탄생하였다고 본다면, 나이가 대략 45억~46억 년이 되는 것이다.

생물체 내의 방사성 탄소(C^{14})의 경우에는 살아 있을 때에는 일반 탄소와 그 비율이 서로 같지만, 죽은 후에는 더 이상 방사성 탄소를 흡수하지 못한다. 그리고 죽은 이후 5,760년마다 그 양이 절반으로 줄어들며 14N으로 바뀐다. 이러한 원리를 이용하여 미이라·의류·가죽 등의 절대 연대를 측정하게 된다.

6 | 바다

1 | 해수의 성분

흔히 물자를 낭비할 때 '물 쓰듯 한다.'라고 표현한다. 이 말로 보아 물은 매우 풍부한 것처럼 보인다. 그러나 가정에서 바로 쓸 수 있는 물의 양은 그리 많지 않다. 심지어 머지않아 물 부족으로 인류는 최대의 재앙을 맞게 될 것이라는 이야기도 나온다. 그렇다면 바닷물을 사용하면 되지 않을까? 바닷물은 왜 일상 생활에 직접 이용할 수 없는 걸까?

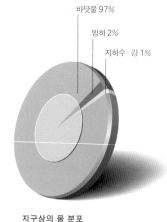

바닷물 97%

빙하 2%

지하수·강 1%

지구상의 물 분포
지표의 약 3분의 2 이상을 차지하는 바다에 물이 가장 많이 있으며, 육지에 존재하는 것은 3% 정도에 불과하다. 그 중에서 극지역과 고산 지대에 분포하고 있는 빙하가 약 2%이고, 지하수·강·호수 등이 약 1%를 차지한다.

| 물의 행성, 지구 | 흔히 지구를 물의 행성이라 부른다. 태양계의 여러 행성 중 지구는 물이 있는 유일한 행성이기 때문이다. 그러나 지구 전체에 존재하는 물의 분포로 볼 때, 우리가 직접 사용할 수 있는 물의 양은 그렇게 많지 않다. 바닷물이 지구상의 물의 대부분을 차지하고 있기 때문이다.

지구상의 물은 크게 육지에 있는 물과 바닷물로 구분하는데, 약 97%의 물은 바다에 있다. 육지에 있는 물 중에서는 높은 산이나 고위도 지방에 빙하로 얼어붙어 있는 물의 양이 전체의 약 2%이다. 그리고 우리가 일상 생활에서 사용하는 물의 공급원인 하천이나 호수, 지하수로 약 1%가 존재할 뿐이다.

그러면 바닷물은 어떻게 생겨났을까? 갓 태어난 지구는 무수한 운석들과 충돌하여 뜨거운 불덩어리였을 것으로 추정되며, 그 무렵에는 지금과 같은 액체 상태의 물은 존재할 수 없었을 것이다. 물의 기원에 대한 유력한 설은 지구 내부에서 일어난 가스 방출, 즉 화산 활동에 의해 물이 생겨났다는 것이다. 약 45~46억 년 전 지구가 탄생한 이후, 지구 내부의 물질들 속에 포함되어 있던 물은 화산 활동이 활발하게 일어날 때 용암과 함께 지구 표면으로 빠져 나왔다. 이 물의 일부는 낮은 곳으로 흘러가 모였고, 나머지 많은 양의 물이 뜨거운 수증기 상태로 하늘로 올라가 다른 기체와

함께 대기권을 형성하였다. 그런데 약 38억 년 전부터 운석의 충돌 횟수
가 줄어들면서 지구는 차츰 표면부터 식기 시작하였다. 이 때 대기 중의
수증기는 응결하여 지표면에 비로 내리고, 지구 표면의 낮은 곳으로 모여
서 바다가 형성된 것이다.

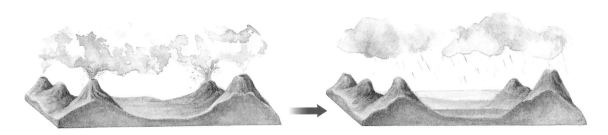

❶ 막대한 양의 수증기 생성
지표면에서 활발하게 일어난 화산 활동과 운석의 충돌 때문에 많은 양의
수증기가 대기 중으로 공급되었다.

❷ 오랜 시간에 걸친 강수
지표면이 냉각되면서 대기 중의 수증기가 응결하여 두꺼운 구름층을
형성하였고, 마침내 많은 비가 내리게 되었다.

❸ 바다의 형성
지표로 떨어진 빗물은 지하수를 형성하거나 지표를 따라 흘러 낮은
곳으로 이동하였고, 이 물이 모여 넓은 바다를 이루었다.

| 바닷물은 왜 짤까? | 우리 나라와 같이 바다에 접해 있는 곳에서는 예부터 바닷물을 증발시켜 소금을 얻었다. 바닷물이 짠맛을 강하게 내는 것은 소금 성분인 염화나트륨(NaCl)이 가장 많이 들어 있기 때문이다. 그러나 바닷물은 소금물에서는 느낄 수 없는 또다른 맛이 난다. 그것은 바닷물에 소금 이외의 여러 가지 성분이 함께 녹아 있기 때문이다. 이처럼 바닷물 속에 녹아 있는 성분들을 '염류'라고 부른다. 염류는 바닷물에 녹아 이온의 형태로 존재한다. 이러한 염류는 어디에서 왔을까?

물은 다른 물질과는 달리 다양한 종류의 물질들을 녹일 수 있다. 특히 지구 탄생 초기의 지구 대기에는 수증기와 함께 황이나 염소 등의 산성 물질들이 많이 섞여 있었다. 이런 물질들이 섞여 내리는 빗물은 강한 산성을 띠고 있어서, 지구 표면의 암석을 매우 잘 녹일 수 있었다. 그리하여 암석을 이루고 있는 성분인 광물을 구성하는 원소들 가운데 물에 쉽게 녹는 물질은 빗물에 녹은 채 바다로 흘러들어가 현재와 같은 염류를 만들어 낸 것이다.

지각과 해수의 주요 구성 성분을 살펴보면, 해수를 구성하는 주요 금속 성분은 모두 지각에도 포함되어 있다. 바닷물 속에 들어 있는 나트륨

염화나트륨 27.2g
염화마그네슘 3.8g
황산마그네슘 1.7g
황산칼슘 1.3g
황산칼륨 0.9g
기타 0.1g
염분 35g
물 965g

해수의 성분 평균적인 해수 1kg 가운데 순수한 물이 965g 이고, 나머지 35g은 염류이다. 염류 중에는 짠맛을 내는 염화나트륨이 27.2g(염류의 약 77.7%), 쓴맛을 내는 염화마그네슘이 3.8g(염류의 약 10.9%)을 차지하고 있다.

(Na)·마그네슘(Mg)·칼슘(Ca)은 암석의 풍화 때문에 생긴 것이다. 그렇다면 바닷물 속의 염류는 모두 육지에서 공급된 것일까? 만약 그렇다면 하천의 물을 끓여 증발시켰을 때 남는 물질은 바닷물 속에 포함된 염류와 그 성분이 같아야 하지만, 그렇지는 않다. 예를 들어, 염소와 황산염은 육지의 물에는 거의 없다. 그러면 해수의 구성 성분 중 지각에 포함되지 않은 성분은 어디에서 온 것일까? 이들은 맨틀 상부에서 그 기원을 찾아볼 수 있다. 염소와 황산염 등은 화산 활동에 의해 지구 내부에서 공급된다. 화산은 육지보다는 바닷속에 더 많이 분포한다. 화산이 폭발할 때 나오는 화산 가스에 포함된 염소와 황 등의 성분이 바닷물에 녹아 그 구성 성분이 된 것이다.

| 바닷물은 얼마나 짤까? | 여름철 바닷가에서 해수욕을 즐기다가 실수로 바닷물을 들이마시면 짠맛이 강하게 느껴진다. 그래서 우리는 바닷물이 매우 짜다고 생각한다. 그러나 실제로 바닷물 속에 녹아 있는 소금의 양은 그렇게 많지 않다. 음식의 간을 맞추는 간장을 만들 때 물

▼ 지각과 해수의 성분 비교
지각을 구성하는 성분 원소와 해수에 포함된 성분 원소를 비교해 보면 그 종류가 거의 비슷하다. 이것은 지각의 구성 물질이 흐르는 물에 녹아서 바다로 흘러들어 왔기 때문이다.

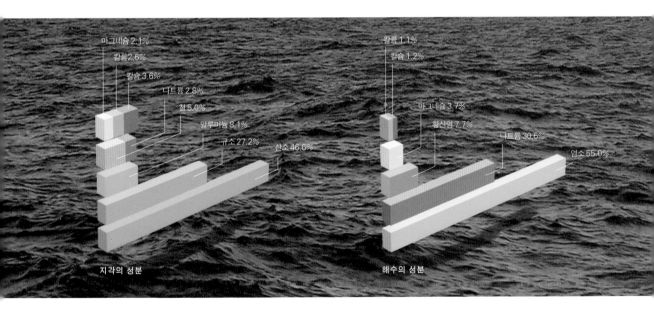

마그네슘 2.1%
칼륨 2.6%
칼슘 3.6%
나트륨 2.8%
철 5.0%
알루미늄 8.1%
규소 27.2%
산소 46.6%

지각의 성분

칼륨 1.1%
칼슘 1.2%
마그네슘 3.7%
황산염 7.7%
나트륨 30.6%
염소 55.0%

해수의 성분

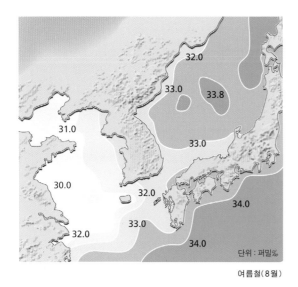

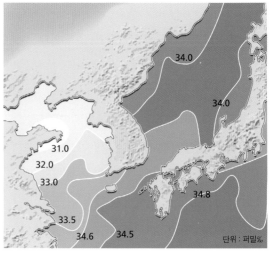

32.0	34.0
33.0 33.8	34.0
31.0	
33.0	31.0
30.0	32.0
32.0	33.0
33.0	34.8
32.0	33.5
34.0	34.6 34.5

단위 : 퍼밀‰

여름철(8월)

단위 : 퍼밀‰

겨울철(2월)

▲ 우리 나라 근해의 염분 비교
황해는 육지로부터 하천수가 많이
유입되기 때문에 동해보다 평균
염분이 낮다. 또 겨울철에 비해
강수량이 많은 여름철에 염분이 더
낮게 나타나고 있다.

1kg에 약 300g의 소금을 사용한다. 이에 비해 바닷물 1kg에 녹아 있는
평균적인 염류의 총량은 약 35g 정도이다. 간장에 비하면 바닷물은 매
우 농도가 낮다.

바닷물의 농도는 바닷물 1kg 속에 녹아 있는 염류의 총량으로 나타내
며, 이것을 '염분'이라고 한다. 바닷물의 농도는 그다지 진하지 않기 때문
에, 보통 물질의 농도를 나타내는 백분율(%) 대신 천분율인 퍼밀(‰)을
사용한다. 평균적인 바닷물의 염분은 35‰이다.

바닷물의 염분은 지역에 따라 조금씩 다르다. 일반적으로 하천의 물이
유입되는 연안 바닷물의 염분은 낮고, 강수량이 적고 증발량이 많은 바다
의 염분은 높다. 사해는 하천물의 유입량과 거의 같은 양의 수분이 증발해
염분이 매우 높은데 평균적인 해수 염분의 10배에 가까운 300‰이나 된
다. 또한 같은 바다라도 지역과 계절에 따라 염분은 조금씩 다르다. 우리
나라 근해의 염분은 전 세계 바다의 평균 염분보다 낮다. 그 가운데서도
중국 대륙에서 많은 하천 물이 공급되는 황해는 특히 염분이 낮다. 또한
우리 나라는 연 강수량의 약 50%가 여름철에 내리기 때문에 이 시기의 염
분이 겨울철에 비해 상대적으로 낮다.

| **염류의 상대적인 비율은 일정하다** | 19세기 말 영국의 과학자들은 해양 조사선 챌린저 호를 이용하여 세계 곳곳의 바닷물을 채취하고 분석하여 바닷물의 구성 물질에 대한 중요한 사실을 알아냈다. 바닷물에 녹아 있는 물질의 양은 지역에 따라 약간씩 차이가 있지만, 바닷물에 녹아 있는 물질들 사이의 비율은 항상 일정하다는 것이다. 전세계의 바다는 서로 연결되어 있고 바닷물이 바람 등의 영향으로 끊임없이 이동하면서 서로 섞이기 때문이다. 이를 '염분비 일정의 법칙'이라고 한다. 이 법칙에 의해 해수 중 어느 한 성분의 양만 알면 다른 성분의 양은 그 비율로 쉽게 계산할 수 있다. 또한 바닷물의 염분도 각 염류의 양을 모두 측정하지 않고 한 성분의 양만 측정하면 계산에 의해 쉽게 알 수 있다.

전세계 바다의 염분 비교 염분의 변화에 가장 큰 영향을 미치는 요인은 증발량과 강수량이다. 적도 지역은 기온이 높아 증발이 활발하지만 강수량이 많다. 따라서 강수량보다 증발량이 더 많은 중위도 지역에 비해 염부이 낮게 나타난다. 그 밖에도 염분은 결빙과 해빙, 강물의 유입 등에 의해 달라지기도 한다.

2 | 해양 생물

가족과 함께 수족관에 간 민수는 바다 생물의 종류와 아름다움에 놀라고 만다. 세계 각지에서 온 형형색색의 물고기들이 수초 사이를 헤엄치고 있고, 한쪽에서는 말미잘이 촉수를 흔들며 먹이를 잡고 있다. 또 거대한 상어와 거북도 정말 장관이다. 바닷속 농장에 사는 생물들은 그 종류가 얼마나 되며 어떻게 살아가고 있을까?

[물 속 생물의 분류] 흔히 물 속 생물이라고 하면 여기저기 헤엄쳐 다니는 물고기를 떠올리게 마련이다. 그러나 물 속에는 헤엄쳐 다니는 동물 외에도 수많은 생물이 살고 있다. 물 속에 사는 생물은 대개 세 부류로 나눌 수 있다.

첫째는 물을 가르며 헤엄쳐 다닐 수 없는 종류의 생물로, 플랑크톤이다. 물의 흐름에 따라 움직이는 이 생물들은 물 위에 떠서 생활하며, 보통 일정 깊이의 수심에서 살고 있다. 해파리처럼 지름이나 길이가 수 m에 이르는 것도 있지만 플랑크톤은 대부분 매우 작아서 현미경을 통해서만 볼 수 있다. 플랑크톤은 광합성을 하는 식물성 플랑크톤과 이들을 잡아먹고 사는 동물성 플랑크톤으로 구분된다. 플랑크톤은 번식력이 뛰어나 큰 물

고기풀에게 잡아먹혀도 금방 그
집단의 크기를 회복한다. 특히 식
물성 플랑크톤은 광합성을 하여 양
분을 생산하는 생산자로, 바
닷속 생물들의 기본적인 먹
이가 되는 아주 중요한 역할을 하고 있다.

둘째는 물 속을 제 힘으로 헤엄치며 살아가는 생물이다. 상
어·참치·가오리·날치 등과 같은 어류와 오징어·거북·고래처럼 물의
흐름에 관계없이 이동할 수 있는 자유 유영 생물들이 여기에 속한다. 물
속 생물 중에서 주요 소비자에 속하는 이들은 몸의 구조나 헤엄치는 방식
등은 서로 다르지만 물 속에서 자유롭게 헤엄치며 이동할 수 있다는 것이
공통점이다.

셋째는 바다의 바닥에 사는 저서성 생물이다. 바위에 달라붙어 있으면
서 끊임없이 촉수를 움직이는 말미잘을 비롯하여 따개비, 굴, 홍합과 같
은 조개류 등이 여기에 해당한다. 해초나 바닷가재처럼 바닥에서 사는 종
류와, 갯지렁이와 게처럼 구멍을 파고 그 속에 사는 종류가 있다.

고래상어
길이가 13m까지 자라고 무게가
20t에 이르기도 한다. 세계에서 가장
큰 어류이나, 플랑크톤 말고는 전혀
먹지 않는다.

심해 생물들

| 심해의 생물들 | 대부분의 물고기들은 빛이 잘 들어오고 수압이 별로 높지 않은 수심 200m 이내의 바다에서 서식한다. 그러나 수심 200m 에서 1만 1,000m 깊이의 심해에도 생물이 살고 있다. 심해는 대부분 수온이 낮고, 압력은 매우 높다. 또 빛이 투과하지 못하므로 아래로 내려갈수록 어두운 색의 물고기나 식물들이 많이 살지만, 먹이의 수가 항상 부족하다. 심해어는 수압을 견디기 위해 매우 느린 속도로 헤엄치며, 크기는 대부분 아주 작다. 높은 수압 때문에 눈이 튀어나온 물고기가 많다. 미약한 빛을 이용하는 물고기는 눈이 굉장히 발달되었지만, 빛을 전혀 이용하지 않는 물고기는 눈이 퇴화되어 버렸다. '블라인드 케이브 피시Blind cave fish'라는 심해어는 부화 직후에는 눈이 있지만, 성장하면서 눈이 피부 속으로 들어가 앞을 전혀 볼 수 없다. 대신 코와 옆줄에 있는 감각 기관이 잘 발달되어 있다.

심해에는 생체 발광 현상이 더 뚜렷하다. 깊은 바닷속에 사는 물고기들은 움직이지 않고 빛을 내어 먹이를 유인하며, 짝짓기를 하기 위해서 발광을 하여 상대방을 식별하기도 한다.

| 가두리 양식, 바다 농장, 바다 목장 | 최근 들어 천연 자원의 부족과 어려워진 에너지 사정, 무분별한 개발로 인한 농경지 감소로 해양의 풍부한 생물 자원과 해양 공간을 이용할 필요성이 어느 때보다도 높아지고 있다.

양식은 인공적인 배양을 뜻하며, 수정에서 산란, 치어, 성어의 단계까지 이 모든 과정을 사람의 힘으로 하는 것을 말한다. 가두리 양식은 파도가 심하지 않은 바닷가나 내륙의 인공호 및 자연 호소에 그물 등으로 울타리를 치고 그 안에 물고기를 가두어 기르는 방법을 말한다. 그물코를 통하여 가두리 안팎의 물이 자유로이 통과하므로 가두리 안의 수질이 나빠지지 않는다. 따라서 작은 시설에 많은 양의 어류를 기를 수 있이 시설면에서 매우 경제적이다. 또 가두리에서는 여러 종류의 어류를 양식할 수 있다. 무지개 송어는 바다에서 기르는 경우 담수에서 기를 때보다 빨리

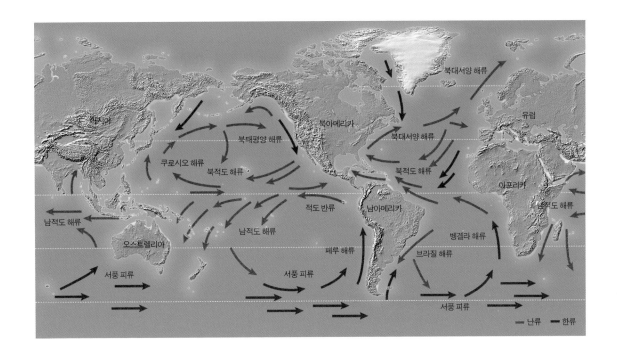

Map labels: 아시아, 북대서양 해류, 북아메리카, 유럽, 북태평양 해류, 북대서양 해류, 쿠로시오 해류, 북적도 해류, 북적도 해류, 아프리카, 적도 반류, 남아메리카, 남적도 해류, 남적도 해류, 남적도 해류, 오스트렐리아, 페루 해류, 뱅겔라 해류, 브라질 해류, 서풍 피류, 서풍 피류, 서풍 피류, 난류, 한류

온도 1.2℃에 이른다. 이러한 기후 특징이 나타나는 것은 해류 때문이다. 적도 부근에서 흘러오는 따뜻한 해류인 멕시코 난류가 미국 동해안을 따라 북상하다가 유럽 연안에 이르러 북대서양 해류로 이어진다. 이 난류가 노르웨이 서안으로 흘러들어가면서 온난한 기후를 만드는 것이다. 우리 나라의 동해를 흐르는 동한 난류의 영향으로 동해안의 겨울철 기온이 같은 위도의 황해안 지역보다 높다. 또한 쿠로시오 해류가 흐르는 일본 남부 지역의 평균 기온 역시 같은 위도의 다른 지역에 비해 높다. 이와 같이 해류는 주변 지역의 기후에 영향을 미치며, 조경 수역이 형성되는 지역에서는 수산 자원을 확보하는 데 중요한 영향을 미치기도 한다.

해류는 지구 전체적으로 볼 때, 대기의 대순환과 더불어 저위도의 에너지를 고위도로 전달하는 중요한 수단이다. 저위도 지역에서 가열된 해수가 열을 품고 고위도로 이동해 가기 때문에 결과적으로 에너지가 전달되는 것이다. 만약 해류가 존재하지 않는다면 적도 지방은 지금보다 기온이 더 높아지고, 극 지방은 지금보다 기온이 더 낮아지게 될 것이다.

▲ 전세계의 해류
지구 자전의 영향으로 북반구에서는 해수의 순환이 시계 방향으로 일어나고 남반구에서는 시계 반대 방향으로 일어난다. 이러한 해수의 순환을 통해 저위도의 에너지가 고위도로 전해진다.

4 | 조류란 무엇일까?

가족들과 함께 황해안 제부도에 갈 때 바닷길을 자동차로 달리니 마냥 신기했다. 제부도 갯벌에서 조개도 줍고 맛있는 조개구이도 먹다 보니 시간 가는 줄 몰랐다. 그런데 이게 웬일인가? 아까 들어왔던 바닷길이 없어지고 만 것이다. 아버지는 다시 바닷길이 열릴 때까지 기다려야 한다고 하신다. 바닷길은 왜 생겼다가 없어지는 것일까?

진도의 바닷길
전라 남도 진도에서는 해마다 '진도 신비의 바닷길' 축제가 열린다. 많은 관광객이 조수 간만의 차로 바다가 갈라지는 현상을 보기 위해 몰려든다.

| **신비한 바닷길** | 현대판 모세의 기적이라 불리는 바닷길이 열리는 현상은 우리 나라 곳곳에서 나타난다. 황해안의 제부도뿐만 아니라 남서 해안, 특히 전라 남도 진도군 고군면 회동리와 모도 사이에 열리는 바닷길이 유명하다. 해마다 음력 3월 보름 무렵에 드러나는 이 바닷길은 제법 규모가 커서 많은 관광객이 모여든다. 이 바닷길은 길이가 2.8km, 너비는 30~40m이며 바닷길이 열리는 시간은 1~2시간 정도에 이른다.

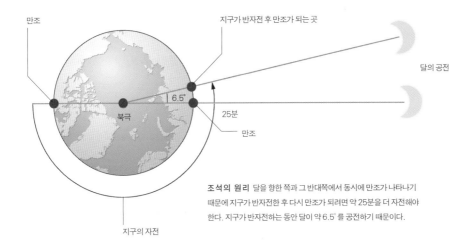

만조

지구가 반자전 후 만조가 되는 곳

달의 공전

6.5°

북극

25분

만조

지구의 자전

조석의 원리 달을 향한 쪽과 그 반대쪽에서 동시에 만조가 나타나기 때문에 지구가 반자전한 후 다시 만조가 되려면 약 25분을 더 자전해야 한다. 지구가 반자전하는 동안 달이 약 6.5°를 공전하기 때문이다.

바닷물이 갈라지는 것은 매우 자연스런 현상이다. 해안 지역은 주기적으로 바닷물이 드나드는데, 바닷물이 육지 쪽으로 밀려 들어오는 것을 밀물, 반대로 바닷물이 밀려 나가는 것을 썰물이라고 한다. 밀물 때가 되면 해수면이 높아지고, 썰물 때가 되면 해수면이 낮아진다. 따라서 썰물 때 해안 지역에 쌓여 있던 퇴적 지형이 드러나게 되는데, 이 때 바닷길이 열리게 된다.

| **바닷물의 방향은 왜 바뀔까?** | 바닷물의 이동 방향이 주기적으로 바뀌면서 밀물과 썰물이 주기적으로 나타나는 현상을 '조류'라고 한다. 그러면 조류가 발생하는 원인은 무엇일까? 조류는 달과 태양의 인력 때문에 생긴다. 다시 말해, 달과 태양이 지구를 당기는 힘에 의해 지구 표면을 둘러싸고 있는 바닷물이 움직이는 것이다. 또 지구가 하루에 한 바퀴씩 자전하기 때문에 이러한 효과는 지구 전체에서 일정한 주기로 나타난다. 이와 같이 천체의 인력에 의해 주기적으로 해수면의 높이가 변하는 현상을 '조석 현상'이라고 한다.

태양은 거리가 멀기 때문에 지구에서 나타나는 조석 현상은 주로 달의 인력에 의해 생긴다. 조석 현상으로 지구에서 달을 향한 면과 그 반대쪽이 부풀어오른다. 지구는 24시간 동안 한 바퀴 자전하며, 그 동안 달은 지구

둘레를 약 13° 공전한다. 따라서 지구는 약 50분 정도를 더 자전해야만 같은 위치가 달을 향하게 된다. 우리 나라의 경우에는 어느 한 지점에서 하루 동안 두 차례씩 해수면의 높이 변화가 나타나게 되며, 그 주기는 12시간 25분이다.

| **조류와 간만의 차** | 밀물이 되어 바닷물의 높이가 가장 높아졌을 때를 '만조', 썰물이 되어 바닷물의 높이가 가장 낮아졌을 때를 '간조'라 한다.

이 때의 높이 차를 '간만의 차' 또는 '조차'라고 한다. 조류는 모든 바다에서 공통적으로 나타나는 현상이지만, 우리 나라의 경우 수심이 얕은 남서해안 지역에서는 이러한 간만의 차가 다른 지역에 비해 더 크다. 또한 같은 지역에서도 시기에 따라 간만의 차는 다르게 나타난다.

달은 지구 둘레를 공전하고 지구는 태양 둘레를 공전한다. 따라서 지구에 영향을 미치는 달과 태양이 나란하게 위치할 때는 지구에 미치는 인력이 더욱 커지고, 이에 따라 간만의 차도 더 크다. 간만의 차가 가장 큰 때는 '사리'로, 매달 음력 보름이나 말일 무렵에 나타난다. 또 달과 태양이 수직을 이루고 있어 간만의 차가 가장 작을 때는 '조금'으로, 매달 음력 7~8일 (상현)이나 음력 22~23일(하현) 무렵에 일어난다.

썰물 썰물이 되어 바닷물이 빠져 나가면 백사장이나 갯벌이 드러난다.

조류가 활발하게 일어나는 지역에서는 갯벌이 발달한다. 조류에 의해 나타났다 사라지는 갯벌은 온도와 수분 공급 등 환경 변화가 심하다. 따라서 갯벌은 독특한 생태계를 형성하고 있으며, 연안 어업의 중요한 부분을 차지한다.

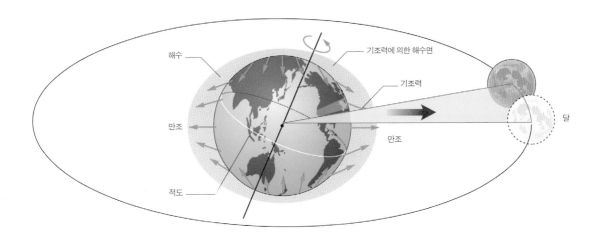

기조력 지구가 달보다 크기 때문에 지구와 달의 공통 질량 중심은 지구 내부에 있게 된다. 이 지점을 중심으로 지구와 달이 회전 운동을 하면서 원심력이 생기게 되는데, 이 힘과 달의 인력 차이가 기조력이다. 기조력의 크기는 천체의 크기에 비례하고 천체까지의 거리의 세제곱에 반비례한다. 따라서 달은 작지만 가깝기 때문에 달에 의한 기조력은 태양의 약 2배가 된다. 이 기조력에 의해 달을 향한 쪽과 그 반대쪽에서 해수면의 높이가 가장 높은 만조가 된다.

밀물 밀물이 되어 바닷물이 다시 육지 쪽으로 밀려 들어오면 썰물 때 노출되었던 백사장이나 갯벌은 다시 물에 잠긴다.

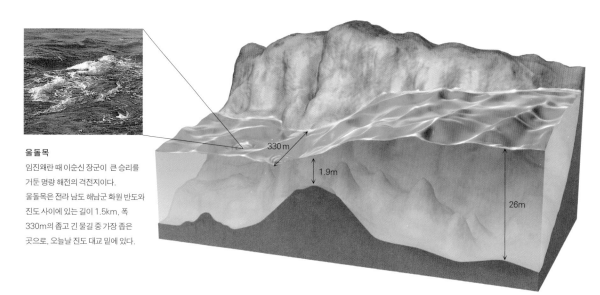

울돌목

임진왜란 때 이순신 장군이 큰 승리를 거둔 명량 해전의 격전지이다. 울돌목은 전라 남도 해남군 화원 반도와 진도 사이에 있는 길이 1.5km, 폭 330m의 좁고 긴 물길 중 가장 좁은 곳으로, 오늘날 진도 대교 밑에 있다.

330m

1.9m

26m

울돌목 해저 지형 모습 바닷물의 깊이는 평균 2m 안팎이고, 바다 밑에는 바위들이 있다. 바닷물의 흐름이 바뀌면서 좁은 물길로 갑자기 많은 양의 물이 흘러들어 물이 흐르는 속도가 빨라지고 바닷속에 있는 울퉁불퉁한 바위들에 부딪혀 큰 소용돌이가 생긴다.

│ **조류의 이용** │ 전라 남도 해남군 진도와 해남을 잇는 진도 대교 아래에 위치한 울돌목은 조류가 심한 지역으로 유명하다. 물살이 거세어 바다가 운다는 의미로 울돌목이라 부르며, 한자어로는 명량(鳴梁)이라 한다. 임진왜란 당시 이순신 장군이 12척의 배로 대승을 거두었다는 명량 해전의 격전지이기도 하다. 이 해역에서는 밀물일 때는 바닷물이 남동쪽에서 북서쪽으로 흐르고, 썰물일 때는 바닷물이 북서쪽에서 남동쪽으로 흐른다. 당시 명량 해전이 있었던 음력 9월 16일은 만조와 간조의 차이가 크고, 조류도 매우 강하게 흐르는 날이었다. 밀물을 따라 기세 좋게 올라오던 일본 함대는 해안 지역에 설치해 둔 철선에 걸리고 만다. 뒤따라오던 배들은 서로 부딪히기 시작하였고, 오후 1시 무렵 물길이 바뀌면서 조선 수군이 함포를 비롯하여 집중적으로 공격하자 왜군 함대 133척 가운데 온전하게 도망친 것은 10여 척에 불과하였다. 이순신 장군은 이 지역의 지형적 특징인 거센 조류를 이용하여 명량 해전을 승리로 이끌었던 것이다.

울돌목의 가장 좁은 목은 폭이 약 330m이고, 수심은 얕은 곳이 약

1.9m에 지나지 않는다. 이 곳을 지나는 조류의 유속은 약 6m/s 로 국내에서 가장 빠르다. 이 때문에 이 곳을 비롯하여 세계에서 가장 간만의 차가 가장 큰 곳으로 알려진 경기도 화성군 시화 지구, 충청 남도의 천수만과 가로림만 일대가 조력 발전소 건립에 적합한 장소로 지적되고 있다.

조력 발전소는 간만의 차를 이용하여 발전을 한다. 만조와 간조일 때 바닷물이 드나드는 힘을 이용하여 터빈을 돌리는 것이다. 현재 세계 최대의 조력 발전소는 영국 해협 부근에 있는 프랑스의 랑스 강 하구의 발전소이다. 이 지역은 최대 13.5m, 평균 8.5m의 조차를 이용하여 10MW 발전기를 설치하여 운행하고 있다.

이와 같이 조류는 차세대의 중요한 에너지 자원으로 주목받고 있다. 그러나 한편으로는 조력 발전소 건설에 따른 주변 생태계의 파괴, 연안 어업의 피해 등이 예상되고 있어 그에 따른 대책도 아울러 마련되어야 할 것이다.

조력 발전
조력 발전은 에너지 부족 문제를 해결할 대안으로 떠오르고 있지만, 간만의 차가 큰 지역이어야 한다는 장소의 제약이 따른다.
조력 발전소에서는 밀물 때 터빈을 돌린 후 바닷물을 댐에 가두어 두었다가 썰물 때 빠져 나가는 바닷물을 이용하여 다시 터빈을 돌려 발전을 한다.

간조일 때의 수면

만조일 때의 수면

댐

해수

발전기

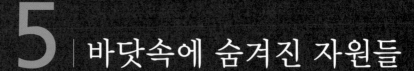

5 │ 바닷속에 숨겨진 자원들

최근 세계 각국에서는 육지에 매장되어 있는 주요 자원이 고갈되어 가는 문제에 부딪히게 되면서 각종 해양 자원 개발 계획을 구체적으로 추진하고 있다. 우리가 이용할 수 있는 해양 자원에는 어떤 것들이 있을까?

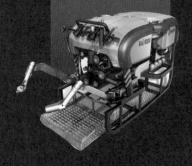

│ **인류의 최대 보물 창고, 바다** │ 바다는 지구 표면의 약 3분의 2를 덮고 있다. 약 60억에 이르는 인류는 그 나머지인 3분의 1의 면적에서 생활하고 있으며, 그것도 매우 한정된 지역에 집중되어 있다. 오늘날 사람들이 많이 사는 대도시는 거의 대부분이 해안에서 100km 이내의 지역이거나 큰 강 가까이에 있다. 결국 이러한 큰 강도 바다와 연결되어 있으므로 우리는 바다와 매우 연관된 삶을 산다고 할 수 있다.

바다는 평균 수심이 3,800m 정도이고 가장 깊은 곳은 1만 1,033m나 된다. 또한 바닷물의 양은 지구상에 존재하는 전체 물의 약 97%나 차지한다. 이처럼 바다는 그 크기나 양으로 보아 인간에게 매우 유용하고 다양한 자원을 제공해 주는 지구의 최대 보물 창고이다. 그래서 바다는 이제 동경이나 두려움의 대상이 아니라 새로운 부를 창출하는 생활 공간으로 변화하고 있다. 무궁무진한 자원을 가지고 있는 바다, 오늘날 그 중요성은 더욱 커지고 있다.

│ **바닷물에는 어떤 물질이 얼마나 녹아 있을까?** │ 짠맛에서 알 수 있듯이 바닷물 속에 가장 많이 들어 있는 성분은 소금을 구성하는 염소(Cl)와 나트륨(Na)이다. 그 밖에 마그네슘 · 칼슘 · 칼륨 · 황산염 등이 많은 비율로 들어 있는데, 이들 물질이 전체 녹아 있는 물질의 약 99% 이상

을 차지한다. 그리고 금·백금·우라늄·리튬 등 지구상에 존재하는 원소의 대부분이 적은 양이나마 들어 있다. 다시 말해, 바닷물은 지구상의 각종 물질을 우려낸 일종의 '지구차earth tea'라고 할 수 있다. 그러나 바닷물 속에 매우 적은 비율로 들어 있는 원소라도 바닷물의 총량이 1.4×10^{18}t이나 되기 때문에, 그 총량을 계산한다면 엄청난 양이다. 예를 들어, 바닷물 1t 속에는 금이 약 0.005mg의 매우 적은 양이 들어 있지만 전체 바닷물 속에 들어 있는 금을 모두 추출해 낸다면 약 70억kg이 넘는 막대한 양이 된다. 실제로 바닷물에 금이 들어 있다는 사실을 알고 바닷물에서 금을 채취하려는 시도가 있었으나 아직은 경제적인 측면에서 비효율적이라 이용되고 있지 않다.

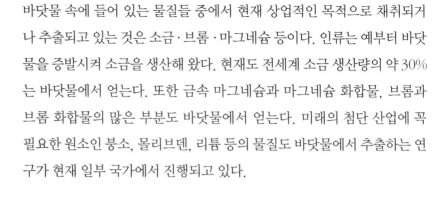

브롬
상온에서 유일하게 액체 상태로
존재하는 비금속. 브롬 자체로는
산화제나 실험 시약으로 많이
이용되고, 브롬 화합물의 형태로는
사진에 주로 이용된다.

몰리브덴
지구상에 그 양은 많지 않지만 비교적
널리 분포하고 있다. 생산량의
대부분은 니켈이나 크롬 등과
합금하여 스테인리스강을 만드는 데
쓰인다. 또한 녹는점(2,610℃)과
끓는점(5,560℃)이 매우 높기 때문에
전기 장치에 값이 비싼 텅스텐
대용으로도 사용된다.

바닷물 속에 들어 있는 물질들 중에서 현재 상업적인 목적으로 채취되거나 추출되고 있는 것은 소금·브롬·마그네슘 등이다. 인류는 예부터 바닷물을 증발시켜 소금을 생산해 왔다. 현재도 전세계 소금 생산량의 약 30%는 바닷물에서 얻는다. 또한 금속 마그네슘과 마그네슘 화합물, 브롬과 브롬 화합물의 많은 부분도 바닷물에서 얻는다. 미래의 첨단 산업에 꼭 필요한 원소인 붕소, 몰리브덴, 리튬 등의 물질도 바닷물에서 추출하는 연구가 현재 일부 국가에서 진행되고 있다.

| **무궁무진한 바다의 자원들** | 바다에는 광물 자원 외에도 생물 자원, 해양 석유·천연 가스 자원, 에너지 자원, 그리고 무형 자원 등 얻을 수 있는 자원이 무궁무진하다.

생물 자원은 바다에서 살고 있는 동식물로서 김·미역·다시마 등의 해조류와 어류·조개류·포유류 등이 포함된다. 바다에는 지구 전체 동식물의 약 80%가 서식하고 있다. 바다의 동식물들은 예부터 인간에게 필요한 식량의 중요한 공급원이었으며, 앞으로도 보호하고 개발해야 할 중요한 자원이다.

해양 석유·천연 가스는 근래에 세계에서 발견된 주요 석유, 가스전의 대부분을 차지하며, 세계 석유 생산량 중 해양이 차지하는 비중이 점차 늘고 있다. 현재 세계 산유량의 약 30%는 해저 유전에서 생산되고 있다. 석유 자원의 매장량에는 한계가 있지만 탐사 기술을 더욱 발전시킨다면 지금까지 알려지지 않은 해저의 새로운 유전에서 원유를 풍부히 얻을 수 있을 것이다.

동해-1 가스전
1970년대부터 국내 대륙붕에서의
석유매장 가능성을 탐사해 오던 중
1998년 울산 앞바다에서 가스층이
확인되었다. 충분한 양은 아니지만
2004년부터 양질의 천연가스가
생산되어 공급되고 있다.

에너지 자원으로는 바닷물을 이용한 전기의 생산을 들 수 있다. 조수 간만의 차를 이용한 조력 발전, 파도를 이용한 파력 발전, 해류를 이용한 해류 발전 및 바닷물의 온도차를 이용한 온도차 발전 등이 있다. 초기 건설 비용이 많이 들지만 환경 오염 피해가 없고 무한히 재생된다는 장점 때문에 미래에는 지구 환경 보호를 위하여 많이 이용될 것으로 보인다.

무형 자원은 항구와 항만 연안의 양식장, 간척지 및 바다 도시, 해저 도시 등으로 이용할 수 있는 공간을 말한다. 우리 나라는 국토가 좁고 인구 밀도가 높은 반면 삼면이 바다로 둘러싸여 있어, 바다 공간을 이용하기에 좋은 조건을 갖추고 있다. 지금까지는 바다 공간을 이용하기 위해 주로 해안의 얕은 곳을 매립하는 방법을 써 왔다. 그런데 이러한 방법은 갯벌을 사라지게 하고 해양 생태계를 파괴하는 문제점을 일으킨다. 그래서 선진 여러 나라에서는 거대하고 튼튼한 인공 구조물을 바다에 띄우고 여기에 도시와 같은 시설들을 만들어 이용하는 해양 도시의 건설 계획을 추진하고 있다. 우리 나라에서도 현재 이를 위한 연구가 진행되고 있어, 미래에는 바다 위의 해양 도시뿐만 아니라 바다 밑의 해저 도시에서도 거주할 수 있는 시대가 올 것으로 기대된다.

망가니즈 단괴가 금?

현대 문명의 비약적인 발전으로 육지에 매장된 광물 자원이 점차 고갈되어 가고 있다. 이 문제를 해결하는 방법의 하나로 사람들은 바닷속에 있는 막대한 양의 심해저 광물 자원을 개발하려는 계획을 진행시키고 있다. 수심 3,000m 이상의 심해저에 존재하는 자원으로 현재 세계 많은 나라들의 관심을 받고 있는 것이 망가니즈 단괴이다.

미래의 자원 저장고로 불리는 망가니즈 단괴는 1875년 챌린저 호의 과학자들에 의해 처음 발견된 이래 순수한 과학적 연구만 이루어지다가, 1950년대에 광범한 탐사를 통해 바다 밑에 널리 존재한다는 사실이 알려졌다. 그 대부분은 지름 3~25cm 크기의 감자 모양을 하고 있으며, 바닷물이나 바다 밑 퇴적물에 있는 금속 성분이 물리·화학적 작용에 의해 생긴다. 나이테를 그리며 성장하는 망가니즈 단괴는 바다 밑에 천천히 가라앉아 생기며, 성장 속도는 100만 년에 1cm 정도로 매우 느린 편이다. 망가니즈 단괴에는 망간·니켈·코발트·구리 등의 금속 외에 40여 종의 유용한 광물들이 포함되어 있다. 특히 육지에서 캐내는 광물에 비해 순도가 높고 첨단 산업의 재료로 쓰이는 광물을 많이 함유하고 있어 '검은 황금'이라 불리기도 한다.

우리 나라도 이러한 금속을 대부분 수입에 의존하고 있다. 그래서 이들 자원을 안정적으로 공급받을 수 있는 기반을 확립하기 위해 1983년부터 심해저 광물 자원 탐사를 시작했다. 그 결과 국제 연합으로부터 망가니즈 단괴가 가장 풍부하고, 함유 금속의 순도가 가장 높은 곳으로 평가받는 태평양의 클라리온-클리퍼턴 해역(일명 C-C 해역)에 15만km²를 단독 개발 광구로 할당받아 정밀 탐사를 수행하고 있다. 앞으로 이 C-C 해역의 망가니즈 단괴 개발을 통하여 망가니즈·니켈·코발트·구리 등 품질이 뛰어난 광물 자원을 안정적으로 공급받을 수 있을 것으로 기대된다.

극한 환경 속에서 생물들은 어떻게 살까?

해양 생태계에서 먹이 사슬은 식물성 플랑크톤에서 시작하여 동물성 플랑크톤을 거쳐 어류로 이어진다. 그런데 이러한 생태계와 완전히 다른 형태의 생태계를 보여 주는 곳이 있다. 빛도 없는 깊은 해저의 혹독한 환경에서 살아가는 생물들의 세계이다. 그 곳은 어떤 곳일까?

해저의 깊은 바닥에서는 지하의 마그마로부터 가열되어 뜨거운 물이 솟아오르는 지역이 있다. 이 곳을 열수구라고 한다. 최고 420℃에 이르는 뜨거운 물이 솟아오르고 있으니 생물이 살 수 있는 환경이라고 보기가 어렵다. 게다가 열수구는 보통 수심 2,500~3,000km에 달하는 깊은 곳에 있기 때문에 압력 또한 매우 커서 지상 기압의 250~300배에 이른다. 이러한 상황에서는 사람이 견뎌 낼 수 없다. 또한 열수구에서 중금속이 뿜어져 나오고 있어 쉽게 중금속에 오염될 수 있다. 그런데도 열수구 부근의 생물들은 최악이랄 수 있는 이러한 환경에 적응하면서 살아간다. 오히려 연안 부근보다 더 많은 생물체가 발견되고 있는 것이다.

열수구 부근의 온도가 100℃ 내외인 지역에서 많은 생물체의 존재가 알려지고 있으며, 심지어 130℃ 이상에서만 살고 있는 생물체도 있다. 보통 생물체를 구성하는 단백질은 80℃ 정도면 제 기능을 발휘하지 못한다. 그런데도 고온의 환경에서 적응하면서 살아가고 있는 것이다. 보통 열수구 주변에서는 길이가 2~3m이고, 지름이 3~5cm에 이르는 지렁이처럼 생긴 관벌레와 눈이 먼 새우나 게·조개 등 많은 생물이 번성하고 있다.

열수구 주변의 생태계에 적응하고 있는 생물들은 특이한 생태계를 구성한다. 이 지역은 화산 분출구에서 납·아연 등의 중금속 물질과 더불어 이산화탄소와 황화수소 등이 뿜어져 나온다.

게다가 햇빛도 들어오지 않는다. 따라서 육상에서와 같은 녹색 식물로 구성된 생산자를 기대할 수 없다. 광합성을 통한 에너지의 생산을 기대할 수 없는 것이다. 실제로 관벌레나 조개류 등은 먹이를 먹지 않는다. 이 생물들은 체내의 독특한 박테리아와 공생한다. 이 박테리아는 황화합물을 분해할 때 발생하는 에너지를 이용하여 유기물을 합성할 수 있다. 결국 공생하는 박테리아에게서 에너지를 얻고 있는 것이다.

과학자들은 이러한 심해 생태계의 독특한 구성으로부터 지구 생명의 신비를 벗겨 낼 수 있을 것으로 기대하고 있다. 산소가 없는 초창기의 원시 지구 환경은, 현재 열수구 주변의 환경과 매우 유사할 것으로 추정된다. 따라서 이러한 혹독한 환경에서 생물체가 살고 있다는 사실은 원시 해양에서 생물체가 탄생한 것과 깊은 관계가 있다. 이러한 사실은 산소가 없는 외계의 천체에서도 생물이라 볼 수 있는 유기체가 존재할 가능성이 높음을 시사한다.

챌린저 호와 염류의 성분 조사

챌린저 호

1872년 12월, 영국의 포츠머스 항구에서는 해양학의 신기원을 알리는 획기적인 사건이 있었다. 영국 왕립 학술원과 영국 해군의 지원을 받은 영국 군함 챌린저 호가 해양 탐사를 시작한 것이다. 톰슨C.W. Thompson, 1830~1882의 지휘 아래 여러 명의 과학자와 승무원, 화가가 승선한 챌린저 호는 3년 6개월에 걸친 긴 항해를 시작하였다.

챌린저 호는 2,300t급 목선으로 선체 길이는 65m에 달하였으며, 항해 도중 채취한 바닷물을 분석하고 생물들을 분류하고 연구할 수 있는 화학·생물 실험실을 갖추고 있었다. 챌린저 호는 대서양과 희망봉을 지나 인도양, 태평양을 거쳐 무려 12만 8,000km에 이르는 긴 항해를 하였을 뿐만 아니라 남극권을 횡단한 최초의 목선으로 기록되고 있다. 항해의 본래 목적은 모든 대양의 심해저에 대한 궁금증을 해결하는 데 있었으나, 긴 항해를 하는 동안 약 500개 지점에서 수심을 측정하였고, 362개 지점에서 해양 자료를 수집하였다. 또 133개 지점에서 해저 퇴적물을 채취하였으며, 151회의 생물 채집을 실시하였다.

챌린저 호는 항해하는 동안 4,717종의 해양 생물을 발견하였고, 77곳의 해수를 채취하여 염류량을 조사하는 등 방대한 양의 자료를 모았다. 이 자료를 분석하는 데만 19년이 걸렸고, 그 결과는 50권에 이르는 《챌린저 보고서》로 출간되었다. 한편, 챌린저 호의 해양 탐험을 계기로 영국 에딘버러 대학의 지리학과에 해양학이 개설됨으로써 해양학이라는 고유 학문 영역이 탄생하였다.

챌린저 호는 표층에서 심층에 이르는 해수의 화학적 성질과 분포, 해류 및 생물의 종류와 생태·분포를 조사하였고, 해저 퇴적물의 종류와 구조, 기상과 지구 자기장의 변화 등 여러 연구

를 통하여 해양 과학의 기초를 세우는 데 크게 공헌하였다. 특히 해수가 포함하고 있는 염류의 성분비가 일정하다는 사실을 알아내었다. 물론 1820년대에 이미 '해수 중 주성분의 비는 일정하다.'는 것이 밝혀졌지만, 지역의 염분에 따라 각 염류들의 농도는 다르지만 염류들의 상대적인 구성비는 변함이 없다는 사실이 밝혀졌던 것이다. 이를 '염분비 일정의 법칙'이라 한다. 이 법칙에 따르면, 해수의 염분비가 일정하기 때문에 해수 중 한 원소의 성분만 알면 각 염류들의 비율을 계산할 수 있을 뿐만 아니라 염분도 구할 수 있다. 이러한 사실로부터 염분의 개념을 처음 정립한 1901년 덴마크의 해양학자 크누센Martin H.C. Knudsen, 1871~1949은 염소(Cl)의 양을 이용하여 경험적으로 해수의 염분을 구하는 식을 만들기도 하였다.

크누센의 실험식 : 염분을 구하는 식

S(‰)＝0.03＋1.805×Cl로 나타낸다. 이 때 Cl의 양은 g/kg으로 나타낸다.

최근에는 S＝1.80655×Cl이라는 식을 이용한다.

7 우주

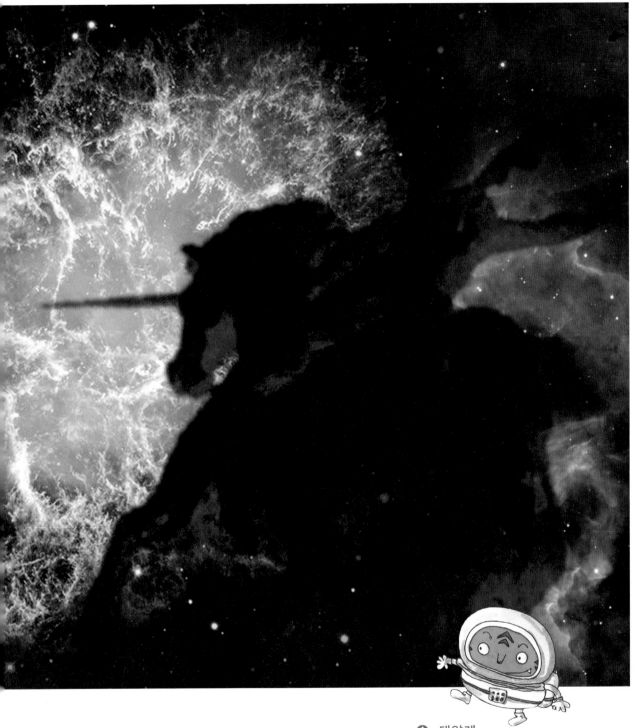

1 | 태양계

태양은 우리에게 그저 아침이 되었다는 사실을 알려 주는 단순한 메신저가 아니다. 태양은 하늘에 떠 있는 무수히 많은 별 가운데 하나이지만, 태양에서 오는 열과 빛이 없다면 우리는 지구에서 살아갈 수 없다. 이처럼 우리에게 매우 중요한 태양은 지구 외에 다른 천체에도 영향을 미치고 있다. 그 영향을 받고 있는 천체에는 어떤 것들이 있을까?

태양의 모습
태양은 온도가 매우 높아서 모든 물질이 기체 상태로 존재한다. 주성분은 수소와 헬륨이지만, 그밖에 나트륨·마그네슘·철 등을 포함해서 70여 종의 기체 성분으로 되어 있다. 수소 핵융합 반응으로 엄청난 에너지를 방출하고 있으며, 표면인 광구에는 쌀알 무늬와 흑점이 관측된다.

| 스스로 빛나는 별, 태양 | 하늘에서 스스로 빛을 내면서 밝게 보이는 천체를 별(항성)이라 부른다. 별은 거의 움직이지 않는 것처럼 보이며, 지구에서 아주 멀리 있기 때문에 망원경으로 관측해도 작은 점으로 보일 뿐이다.

태양은 지구에서 약 1억 5,000만km 떨어진 공간에서 스스로 빛을 내고 있는 가장 가까이 있는 별이다. 태양에서 오는 빛과 열이 없다면 우리는 단 한순간도 지구에서 살아갈 수 없다. 거대한 수소 기체 덩어리로 이루어진 태양은 압력이 매우 높으며, 질량은 2×10^{33}kg으로 지구의 약 33만 배에 이른다. 태양의 반지름은 약 70만km로 지구의 약 109배이며, 표면 온도는 약 6,000℃이다. 지구에서 관측되는 밝은 표면은 광구라 하며, 광구에는 검게 보이는 흑점과 쌀알 무늬가 관측된다. 특히 흑점은 주변에

플레어 흑점의 극대기에 주로 나타나는 돌발적인 폭발 현상으로, 강한 태양 전파나 자외선, X선 등을 방출한다. 태양의 자기장의 변화로 발생한다고 알려져 있으며, 빛을 내는 영역은 지구의 10배 규모에 이르기도 한다.

홍염 태양의 대기층인 채층에서 고온의 기체가 수백km/s의 속도로 상공으로 치솟는 불기둥을 말한다. 주성분은 수소 기체이며 주로 개기 일식 때 잘 관측된다. 온도가 낮고 밀도가 큰 기체가 자기장에 의해 분출되는 현상이다.

코로나 태양의 표면인 광구에서 상공으로 뻗어 나가는 청백색의 기체층으로, 태양 지름의 수 배 높이까지 펴져 있다. 태양의 활동 정도에 따라 모양이 다양하게 나타난다.

비해 온도가 낮아 검게 보이는 구역으로, 태양 표면을 따라 이동하는 것을 볼 수 있다. 이러한 흑점의 이동 모습에서 태양이 자전하는 것을 확인할 수 있다. 태양은 지구의 자전 방향과 같은 방향인 서쪽에서 동쪽으로 약 27일의 주기로 자전한다. 물론 태양은 기체로 이루어져 있기 때문에 자전 주기가 위도에 따라 조금씩 다르게 나타난다.

붉은색을 띠는 대기층인 채층에서는 거대한 불기둥인 홍염과 고온의 가스 분출물인 스피큘 등이 관측되며, 그 바깥쪽으로는 청백색의 기체층인 코로나 등이 관측된다. 코로나는 고온의 기체 물질이지만 밀도가 희박하여 평소에는 보이지 않으며, 개기 일식이 되어 태양이 달에 완전히 가려질 때 관측이 가능하다.

한편, 태양은 내부에서 핵융합 반응이 일어나 엄청난 에너지를 방출하고 있을 뿐만 아니라, 매우 큰 중력으로 주변의 천체들을 잡아당기고 있다. 이러한 태양의 인력에 의해 지구를 비롯한 여러 천체들은 태양 둘레를 회전하고 있다.

지구와 달 | 지구는 현재까지 유일하게 생명체가 존재하는 천체이다. 태양에 너무 가깝지도 너무 멀지도 않은 곳에 있는 지구는 대기와 해수를 가지고 있다. 따라서 열이 지구 전체적으로 고르게 전달되어 연평균 기온이 18℃ 정도로 비교적 온화한 기후 조건을 갖추고 있다. 게다가 액체 상태의 물도 있어 지구는 생명체가 살기에 적합한 축복받은 천체라 할 만하다.

지구는 서쪽에서 동쪽으로 24시간 동안에 한 바퀴를 자전하며, 자전축이 23.5° 기울어진 채 태양 둘레를 자전 방향과 같은 방향으로 365일 동안 한 바퀴 공전한다. 이 때문에 지구에서는 하루를 주기로 낮과 밤이 바뀌고, 년을 주기로 계절의

달
반지름: 약 1,700km(지구의 1/4)
질량: 7.4×10²²kg(지구의 1/80)
평균 밀도: 평균 약 3.3g/cm³(지구의 0.6배)

지구
반지름: 약 6,400km
질량: 약 6×10²⁴kg
평균 밀도: 5.5g/cm³

변화가 나타난다. 지구와 같이 태양의 인력에 의해 태양 둘레를 일정한 주기로 공전하는 천체를 '행성'이라 한다.

그리고 이러한 지구 둘레를 달이 약 27.3일을 주기로 서쪽에서 동쪽으로 공전하고 있다. 달과 같이 행성의 둘레를 공전하는 천체들을 '위성'이라 부른다. 달은 지구의 유일한 위성이다. 달은 크기가 작기 때문에 중력이 지구에 비해 6분의 1 정도로 작아서 대기를 갖고 있지 않다. 따라서 낮과 밤의 기온차가 매우 큰데, 낮에는 130℃까지 올라가고 밤에는 영하 170℃까지 내려간다. 달이 지구처럼 대기를 갖고 있다면 지구와 거의 비슷한 기온 분포를 보이게 될 것이다.

달은 자전 주기와 공전 주기가 같기 때문에 지구에서는 항상 달의 한쪽 면만 볼 수 있다. 달의 표면에 나타나는 어두운 무늬가 나타나는 이유는 화산 활동의 결과 생성된 현무암이 넓게 퍼져 있기 때문이다.

|지구를 닮은 행성은 없을까?| 태양에 가장 가까이 있는 행성은 수성이다. 일찍이 수성을 관측한 고대인들은 태양 둘레를 빠르게 도는 것을 보고 전령의 신인 머큐리Mercury라 불렀다. 수성은 대기와 물이 없기 때문에 달의 표면과 마찬가지로 무수한 운석 구덩이로 덮여 있다. 태양 가까이에서 태양 주위를 공전하기 때문에 관측하기가 어렵다.

금성은 크기가 지구와 거의 비슷하다. 달을 제외하고는 지구에서 가장

수성

금성

화성

밝게 보이기 때문에 예부터 많은 관심을 받은 행성이다. 우리 나라에서는 태백성·샛별·개밥바라기라는 이름으로 불리기도 하였고, 서양에서는 미의 여신인 비너스Venus로 불려 왔다. 금성은 지구보다 온도가 훨씬 높은데, 그 이유는 태양에 더 가까이 있고 두꺼운 이산화탄소 대기로 둘러싸여 있기 때문이다. 그래서 온실 효과도 크게 나타난다. 금성의 표면 온도는 450℃에 이르고 표면 기압도 무려 95기압에 이른다. 높은 온도로 인해 표면은 거의 용융 상태인 것으로 추정되고 있다.

화성은 붉은색을 띠고 있어 전쟁의 신인 마르스Mars라 불린다. 화성은 자전축이 기울어져 있어 지구와 같은 계절의 변화가 나타난다. 또한 표면에 강물이 흐른 자국이 남아 있어 오래 전부터 생명체의 존재 가능성이 기대되었고, 최근에도 미국의 탐사선인 스피릿이 화성 표면에 착륙하여 탐사 활동을 하였지만, 아직까지는 생명체의 흔적이 발견되지 않았다.

수성·금성·화성은 공통적으로 지구와 같이 단단한 지각을 갖고 있기 때문에 '지구형 행성'이라 불린다. 그러나 크기는 모두 지구보다 작으며, 지구와 화성만 위성을 갖고 있다.

그런데 화성 너머에 위치한 목성부터는 성질이 완전히 달라진다. 목성은 태양과 그 성분이 같아서 주로 수소와 헬륨 기체로 이루어져 있다. 토성 역시 가벼운 기체가 주성분이며, 적도 부근에 얼음과 암석 조각으로 이루어진 큰 규모의 고리를 갖고 있다.

해왕성

천왕성

목성

토성

천왕성이나 해왕성도 목성과 같이 가벼운 기체로 이루어져 있다. 이처럼 지구와는 달리 기체로 이루어져 있으면서 독특한 특징을 갖는 목성·토성·천왕성·해왕성을 '목성형 행성'이라 한다. 목성형 행성들은 흔히 '기체 행성'이라 불릴 정도로 가벼운 기체가 주성분이며, 고리를 갖고 있을 뿐만 아니라 지구보다 훨씬 더 크다. 또한 지구형 행성들에 비해 자전 주기는 대체로 짧지만 공전 주기가 길다.

|그 밖의 태양계 가족들| 1995년 7월, 사상 최대 규모의 혜성이 관측되었다. 헤일-밥이라고 이름 붙여진 이 혜성은 숱한 화제를 뿌리면서 우리 시야에서 멀어져 갔다.

혜성은 태양에 가까워지면서 태양의 반대 방향으로 긴 꼬리가 발달하기 때문에 '꼬리별'이라 불리기도 한다. 혜성의 주성분은 기체 물질의 얼음과 고체 입자 등이다.

태양 인력의 영향을 받는 천체들은 혜성 외에도 행성의 둘레를 공전하고 있는 위성들이 있다. 그리고 화성과 목성 사이에서 태양 둘레를 공전하고 있는 지름 수 km에서 수백 km에 이르는 소행성들도 있다. 그 밖에도 작은 천체 조각들이 우주 공간을 떠돌아다니다가 지구의 인력에 의해 지표로 떨어지는 경우가 있는데, 이것을 '유성'이라 한다. 유성은 대기권을 지

헤일-밥 혜성
1995년 미국의 아마추어 천문학자 앨런 헤일과 토머스 밥이 발견한 20세기 최대의 혜성으로, 지름이 40km에 이른다. 1997년 3월, 태양에 가장 가까이 접근하였으며, 주기가 수천 년에 이르는 장주기 혜성으로 앞으로 오랫동안 이 혜성을 보기는 어려울 것이다.

애리조나 운석 구덩이 미국 애리조나 윈슬로의 서쪽으로 30km 떨어진 디아블로 협곡 지역의 완만한 평원에 있는 운석 구덩이. 지름이 1.2km, 테두리 안쪽의 깊이는 180m로 거대하다.

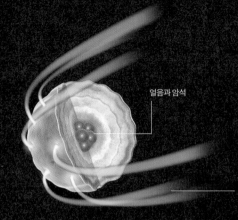

얼음과 암석

혜성의 꼬리

혜성 얼음과 암석으로 이루어진 아주 작은 천체인 혜성은 태양을 초점으로 타원 궤도를 그리면서 운동한다. 혜성이 태양 가까이 다가오면 태양풍에 의해 기체와 티끌이 밀려 나가면서 긴 꼬리를 만든다. 혜성이 지구 가까이를 지나갈 때면 밤하늘에서 밝게 빛나는 혜성을 볼 수 있다. 혜성은 주기가 200년 이내인 단주기 혜성과 200년 이상인 장주기 혜성으로 나뉜다. 영국의 천문학자 E. 핼리가 1705년에 궤도를 계산하고 1758년에 그 출현을 예언하면서 널리 알려진 핼리 혜성은 주기가 76년으로 대표적인 단주기 혜성이다. 핼리 혜성은 오는 2061년에 다시 출현할 것으로 예상된다.

나는 동안 마찰에 의해 불에 타면서 긴 꼬리를 만든다. 대부분은 불에 타서 없어지지만, 큰 것들은 지표에 떨어지기도 한다. 이것을 운석이라 한다. 천체들의 표면에 남아 있는 운석 구덩이는 운석이 행성과 충돌하면서 형성된 것이다.

한편, 2006년 8월에 열린 국제천문연맹(IAU) 총회에서는 행성에 대한 새로운 정의를 세웠다. 이 정의에 따르면 행성은 자체 중력으로 구형을 이루며, 태양의 둘레를 공전하고, 자신의 공전 궤도 내에서 다른 천체들을 흡수하여 주도적인 위치를 차지하고 있는 천체를 말한다. 이러한 행성의 기준에 따라 해왕성의 공전 구역 안에 있던 명왕성은 행성 지위를 박탈당하고 새롭게 정의된 '왜소 행성(dwarf planet)'으로 분류되었다.

'왜소 행성'이란 태양 주위를 공전하고 구형을 이룰 정도로 자체 중력을 가지고 있으며, 위성도 아니지만 궤도 주변의 다른 천체들을 흡수하지 못한 천체로 정의된다. 따라서 명왕성 외에 행성 후보로 언급되었던 화성과 목성 사이의 가장 큰 소행성인 '세레스(Ceres)', 명왕성과 동반 행성의 관계로 논의되던 '카론(Charon)', 2003년 10월에 발견된 '에리스(Eris, 2003UB313)' 등도 명왕성과 함께 '왜소 행성'으로 분류된다.

결국 새로운 기준에 따라 태양계는 고전적인 의미의 '행성'과 새롭게 추가된 '왜소 행성', 혜성·소행성 같은 '태양계 소형 천체들'이란 3등급으로 나뉘게 되었다. 이는 과학 지식이 과학자들 사이의 약속과 정의에 따라 만들어진다는 것을 알 수 있는 좋은 예이다.

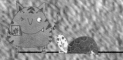

태양계의 가족들

태양계는 태양을 비롯하여 태양의 인력의 영향을 받고 있는 행성과 위성, 왜소 행성, 소행성, 혜성, 유성
과 운석 등을 모두 포함한다. 물론 이 중에서 태양만이 스스로 빛을 내는 유일한 항성으로, 태양계 전체
질량의 약 99.8%를 차지하고 있다. 태양계를 구성하는 천체들은 태양과 항성의 인력에 의해 다양한 운
동을 하고 있다. 행성들의 경우에는 공전 방향이 태양의 자전 방향과 일치하며, 공전 궤도면 역시 거의
비슷한 평면상에서 공전 운동을 하고 있다.

태양

태양은 태양계의 중심에 위치하며, 태양계 전체에 에너지를 공급한다.
태양에서는 눈으로 볼 수 있는 가시 광선뿐만 아니라 적외선·자외선·전파 등을 방출하고 있다.
태양계를 벗어나 태양처럼 빛을 내는 가장 가까운 별까지의 거리는 무려 4.3광년이나 된다.

태양
수성
금성
지구
화성
목성
토성

0   5억   10억   15억   20억   25억

〈솔라 시스템〉

〈행성의 특징〉

수성 Mercury

태양계의 행성 중 태양에 가장 가까운 행성이다. 대기와 물이 없기 때문에 표면에 운석의 충돌 흔적이 그대로 남아 있어 달의 표면과 흡사하다.

반지름 : 243km
질량 : 3.3×10^{23}kg
자전 주기 : 58.65일
공전 주기 : 87.97일

금성 Venus

태양계의 행성 중 가장 밝게 보이며, 두꺼운 이산화탄소의 대기층으로 인해 표면 온도와 기압이 매우 높다. 금성은 적도면과 공전 궤도면의 경사가 88°에 이르고 있어 자전 방향이 반대로 나타나고 있으며, 황도면에 거의 누워 있는 상태로 공전하고 있다.

반지름 : 6,051km
질량 : 4.87×10^{24}kg
자전 주기 : 243일
공전 주기 : 224.7일

지구 Earth

태양계의 행성 중 유일하게 생명체가 존재하는 것으로 알려져 있으며, 질소와 산소가 주성분인 대기층을 가지고 있다. 표면의 대부분을 바다가 차지하고 있으며, 자전축이 약 23.5° 기울어져 있어 계절의 변화가 나타난다.

반지름 : 6,400km
질량 : 5.98×10^{24}kg
자전 주기 : 24시간
공전 주기 : 1년 (365일)

화성 Mars

붉은색을 띠는 행성으로, 크기가 지구 절반 정도이다. 하루의 길이는 지구와 비슷하며 자전축이 25.3° 기울어져 있어 계절의 변화도 나타난다. 엷은 이산화탄소의 대기층을 가지고 있으며, 2개의 위성이 화성 둘레를 공전하고 있다.

반지름 : 3,390km
질량 : 6.4×10^{23}kg
자전 주기 : 24시간 37분
공전 주기 : 687일

목성 Jupiter

태양계의 행성 중 가장 큰 행성으로, 태양계 내 행성 질량의 3분의 2를 차지한다. 가벼운 수소와 헬륨이 주성분이며, 행성들 중 가장 빠르게 자전하고 있다. 표면에서는 적도와 나란한 가로로 무늬와 대적점이 관측된다.

반지름 : 71,492km
질량 : 1.9×10^{27}kg
자전 주기 : 약 0.4일
공전 주기 : 11.86년

토성 Saturn

목성 다음으로 크며, 얼음 조각과 먼지로 이루어진 크고 아름다운 고리를 가지고 있다. 수소와 헬륨 기체가 주성분이며, 밀도는 물보다도 작은 0.78/cm^3이므로 물에 뜰 수 있는 정도이다. 가장 큰 위성인 타이탄을 비롯하여 20여 개 이상의 위성을 거느리고 있다.

반지름 : 60,268km
질량 : 5.68×10^{26}kg
자전 주기 : 10.2시간
공전 주기 : 29.5년

천왕성 Uranus

수소와 헬륨으로 이루어진 가벼운 행성으로 태양계 행성 중 셋째로 크다. 거리가 멀어서 육안으로는 관측되지 않는다. 평균 표면 온도는 약 −170℃이며 상층 대기의 메탄 성분으로 인해 청록색을 띤다. 자전축이 약 98° 기울어져 있어 공전 궤도면과 거의 비슷하다.

반지름 : 25,559km
질량 : 8.7×10^{25}kg
자전 주기 : 17.9시간
공전 주기 : 84년

해왕성 Neptune

수소와 헬륨이 주성분인 목성형 행성으로 수소, 헬륨 외에 암모니아, 메탄으로 이루어진 대기층을 가지고 있다. 남반구의 표면에 커다란 검은점(대암점)이 관측되며, 적도 부근에 고리도 존재한다.

반지름 : 24,766km
질량 : 1.02×10^{26}kg
자전 주기 : 19.1시간
공전 주기 : 164.8년

천왕성   해왕성

30억   40억   45억   50억   55억

2 | 별과 별자리

오래 전부터 사람들은 별을 이용하여 길흉화복을 점치거나 방향을 확인하기도 하였다. 또 서로 가까이 있는 별들끼리 연결하여 그것이 어떤 모양을 이룬다고 상상하기도 하였다. 이러한 별들은 어떻게 만들어지는 것일까? 별들도 우리처럼 태어나서 살아가다가 죽음을 맞이할까?

성운
윤곽이 확실하지 않은 구름 모양의 천체. 우주의 먼지나 가스로 이루어져 있다.

| **별의 탄생** | 별은 우주 공간의 가스나 먼지 등이 많이 모여 있는 ※성운에서 탄생한다. 종종 이러한 구름이 서로 끌어당기며 수축하는 일이 일어난다. 그러면 내부 압력이 증가하고 충돌이 자주 일어나 그 중심 부분이 점점 뜨거워진다. 별은 태어날 때부터 가벼운 수소 기체를 아주 많이 가지고 있는데, 수소는 융합 반응을 통해 엄청난 빛과 열을 방출하는 에너지원이 된다. 그리고 내부에서 발생한 열에 의한 압력과 별의 자체 중력이 균형을 이루는 동안에는 안정적인 상태를 유지하면서 빛과 열을 방출한다. 별이 탄생한 것이다.

〈별의 탄생 과정〉

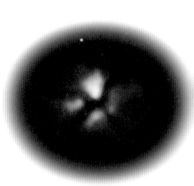  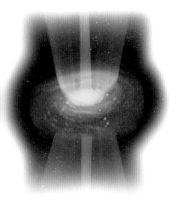

❶ 성운의 내부에서 중력에 의해 가스 입자들이 모여들면서 원시성을 형성한다.

❷ 원시성이 수축하면서 핵 부분의 밀도는 더욱 증가한다.

❸ 핵의 밀도가 한계에 이르면 핵융합 반응이 시작되고 에너지가 방출된다.

이 때 별의 질량이 클 경우에는 수소가 결합하여 헬륨을 생성한 후 헬륨이 다시 반응하여 탄소·질소·산소 등을 생성하는 반응이 이어진다. 이러한 핵융합 반응을 거치면서 별의 내부에서는 무거운 물질이 만들어진다.

| **별의 일생** | 별은 대략 수천 만 년에서 수십 억 년까지 살 수 있다. 이 때 질량이 작은 별은 오래 살지만, 질량이 아주 큰 별은 수백 만 년밖에는 살지 못하는 경우도 있다. 별의 크기가 클수록 더 밝으며, 그만큼 더 많은 수소가 에너지 방출을 위한 연료로 사용되기 때문이다. 태어난 지 얼마 되지 않은 젊은 별일수록 푸른색에 가까운 색을 보이는데, 이러한 별들의 표면 온도는 무려 5만℃에 이른다. 반면에 생성된 지 오래 된 별은 온도가 낮아 붉은색을 띤다. 붉은색을 띠는 별들의 표면 온도는 약 3,500℃이다. 태양은 생성된 지 50억 년 정도 되었으며, 표면 온도는 약 6,000℃로 노란색을 띠고 있다. 태양은 약 50억 년 정도는 더 살 것으로 추정되니, 인류가 사는 동안에는 태양이 없어지는 일은 결코 일어나지 않을 것이다.

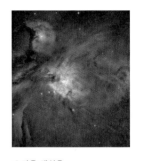

오리온 대성운
겨울철 오리온자리에서 관측된다.
오리온 대성운은 중심부에서 밝은 빛을
방출하고 있어 별이 생성되고 있는
것으로 알려져 있다. 별은 성간 물질이
많이 모인 성운에서 탄생하게 된다.
이 때 온도가 낮고 밀도가 매우 높은
성운일수록 별이 탄생할 가능성이 높다.

| **격렬하고 화려한 별의 죽음** | 1054년 중국에서는 대낮에도 밝게 보이는 별 하나를 관측하였다. 당시 이 별은 갑자기 방문한 손님별이라는

❹ 어린 별은 빠른 속도로 회전하고, 남아 있던 가스와 먼지들은 편평한 원반을 형성한다.

❺ 별의 주변을 회전하던 가스와 먼지의 원반 속에서 핵성들이 생성된다.

❻ 별이 안정적으로 빛을 내기 시작하면서 핵융합 반응에 의해 수소는 헬륨으로 변하게 된다.

의미로 '객성(客星)'으로 기록되었다. 그 후 과학자들이 이 별의 위치를 추적하였으나 별은 보이지 않고 대신 게딱지 모양의 성운만 관측하였다. 이 성운은 당시 별이 폭발하면서 생긴 잔해로 여겨진다.

별의 에너지원이 되는 핵융합이 멈추면 자체 중력이 상대적으로 커지면서 균형이 깨지고 별은 수축하기 시작한다. 그 후에는 별의 질량에 따라 운명이 달라진다. 보통 태양 질량의 0.08~8배인 별은 ^{*}백색왜성으로 변한다.

그런데 태양 질량의 8~30배 정도 되는 별은 특이한 과정을 거친다. 별의 질량이 클 경우에는 융합 반응을 거치는 동안 질소·산소 등의 무거운 원소를 계속 생성하며 철 성분이 만들어진다. 이 때 중심부의 온도는 무려 50억℃에 이르며 철의 핵이 분해되면서 별의 바깥층은 격렬한 폭발과 함께 외부로 날아간다. 별이 폭발할 때는 태양이 평생 방출하는 에너지와 맞먹는 에너지를 불과 며칠 사이에 방출해 버린다. 따라서 별의 밝기는 태양의 수십억 배에 이르는데, 이것을 '초신성'이라 한다.

초신성은 폭발하면서 철보다도 무거운 코발트·니켈 등과 같은 새로운 원소들을 생성한다. 그리고 이 무거운 원소들은 우주 공간으로 퍼져 나가 새로운 별의 구성 물질이 된다. 결국 별이 죽으면서 새로운 별을 만드는 것이다. 중국에서 관측한 별은 사실은 이와 같은 초신성이었다. 초신성이 폭발한 후에는 주로 중성자만으로 이루어진 ^{*}중성자별이 남는다. 그리고 태양 질량의 30배 이상인 별은 ^{*}블랙홀로 발전한다.

| 별까지의 거리 | 둥근 ^{*}천구상에 분포하고 있는 무수한 별들은 모두 같은 거리에 있는 것처럼 보인다. 그러나 실제로 어떤 별은 가까이 있고, 어떤 별은 매우 멀리 떨어져 있다. 별까지의 거리는 지구상에서 흔히 사용하는 거리의 단위로 나타낼 수가 없을 정도로 멀다. 비교적 가까운 별까지의 거리는 별의 연주 시차를 이용하여 구한다. 별의 연주 시차는 지구 공전 궤도상에서 6개월 간격으로 측정한 시차의 2분의 1에 해당한다. 별까지의 거리가 멀기 때문에 연주 시차의 단위는 초(˝)를 사용한다. 1초

백색왜성
항성 진화의 마지막 단계에서 나타나는 어두운 별. 처음에 발견된 몇 개의 별이 흰색이었기 때문에 백색왜성이라 한다. 별이 수축하는 동안 원자들 사이에 작용하는 중력이 증가하면서 원자 구조가 깨지고 전자들 사이의 반발력과 중력이 균형을 이룬 상태에서 형성되는 작은 별이다.

중성자별
중력이 더 커지면 원자핵 내부에서 중성자의 반발력과 중력이 균형을 이루게 되는데, 이 때 형성되는 중성자만으로 응집된 형태의 별이다.

블랙홀 중력이 더욱 커지면서 밀도가 무한대가 되면, 이 때에는 빛조차도 빠져 나가지 못하는 검은 구멍을 형성하게 되는데, 이를 블랙홀이라고 한다.

천구
천체들이 붙어서 운동하는 것으로 여겨지는 가상적인 구면으로, 반지름은 무한대이다. 지구의 남극과 북극을 연장한 곳에 천구의 북극과 남극이 위치하며, 지구의 적도를 연장하여 천구와 만난 것이 천구의 적도이다.

(″)는 $(\dfrac{1°}{3,600})$에 해당하며, '$\dfrac{1}{\text{연주 시차}(″)}$'가 곧 별까지의 거리가 된다.

흔히 별의 거리를 나타낼 때는 LY(광년)·pc(파섹) 등의 단위를 사용한다. 1LY은 빛의 속력으로 1년 동안 가야 하는 거리를 말하며, 9조 4,605억 300만km이다. 또한 1pc은 연주 시차가 1초(″)에 해당하는 거리로, 1pc는 3.26LY에 해당한다.

태양에서 가장 가까운 ※알파 센타우리의 프록시마별까지의 거리는 약 4.3광년이다. 그리고 널리 알려진 북극성은 지구에서 약 800광년 떨어진 곳에 위치하고 있다. 이것은 지금 우리가 보고 있는 북극성의 별빛이 이미 800년 전에 북극성을 출발했다는 것을 의미한다. 밤하늘에 보이는 별들은 빼곡하게 들어차 있지만, 실제로 각 별들 간의 거리는 수 광년에서 수백 광년씩 떨어져 있다.

알파 센타우리의 프록시마별
센타우르스자리의 가장 밝은 알파(α)별은 3개의 별이 모여 있는 삼중성이며, 그 중 하나가 프록시마로 태양계에서 가장 가까운 항성이다.

| 별의 밝기와 등급 | 밤하늘에는 밝게 보이는 별이 있는가 하면, 어둡게 보이는 별도 있다. 이처럼 우리의 눈으로 관찰한 결과를 바탕으로 결정한 별의 밝기를 '겉보기 등급(실시 등급)'이라 한다. 고대 그리스의 천문학자 히파르코스Hipparchos, ? ~ B.C.127는 별의 밝기에 따라 1등성부터 6등성까지 구분하였다. 가장 밝게 보이는 별이 1등성, 가장 어둡게 보이는 별이 6등성이다. 그 후 1850년 영국의 천문학자 포그슨N.R. Pogson, 1829~1891은 1등성과 6등성의 밝기의 차이가 100배라는 영국의 허셜William Herschel,

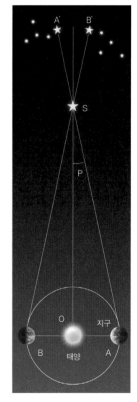

시차와 연주 시차
서로 다른 곳에서 한 물체를 바라볼 때 생기는 각의 차이를 시차라고 한다. 이와 같은 원리로 멀리 떨어진 별을 지구에서 관측하면 공전 궤도상에서의 지구의 위치에 따라 천구상에 분포하는 별들 사이에서 이동하는 것으로 관측된다. 그림에서처럼 지구가 A에 위치할 때 별 S는 A′의 위치에서 관측되며, 지구가 B에 위치할 때는 별 S가 B′의 위치에서 관측된다. 이 때 공전 궤도상의 두 지점 A, B와 별이 이루는 각의 크기가 1년을 주기로 한 시차(연주 시차)가 되며, 연주 시차는 별까지의 거리에 반비례한다. 별의 연주 시차는 지구 공전의 명확한 증거가 된다.

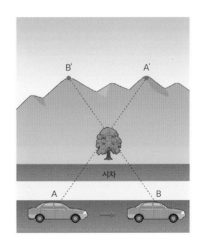

큰개자리의 시리우스
밤하늘에서 가장 밝게 보이는 별로, 겉보기 등급은 -1.5등급이다. 그러나 시리우스가 밝게 보이는 것은 거리가 가깝기 때문(약 8.7광년)이며, 절대 등급은 약 1.4등급이다.

1738~1822의 발견 결과를 재확인하여 그 차이를 정량화하였고, 한 등급의 밝기 차이가 약 2.5배라는 것을 밝혀 냈다.

관측 기술이 발달함에 따라 더 많은 별들이 관측되었다. 그 결과 1등성보다 밝은 별들은 0, -1, -2……등성처럼 음의 수를 이용하여 밝기를 나타내고, 6등성보다 어두운 별은 7, 8, 9……등성으로 나타내게 되었다. 예를 들어 태양은 겉보기 등급이 -26.8등급이고, 가장 밝게 보이는 ＊큰개자리의 시리우스는 -1.5등급이다.

그런데 밝기가 같다 하더라도 거리가 멀어지면 별의 밝기는 거리의 제곱에 반비례해서 어두워진다. 따라서 눈으로 직접 관측한 별의 밝기는 별의 실제적인 밝기를 나타낼 수는 없다. 거리를 완전히 무시하고 있기 때문이다. 따라서 실제적인 별의 밝기를 비교하려면 모든 별들을 같은 거리에 놓아

등급과 등성
일정한 등급 범위에 포함된 별을 등성으로 표시하는데, 예를 들어 -0.5~0.5등급의 별들은 0등성이며, 0.6~1.5등급의 별들이 1등성이 된다.

등급에 따른 별의 밝기
5등급의 별은 6등급의 별보다 2.5배가 더 밝고, 4등급의 별은 5등급의 별보다 2.5배가 더 밝다. 결국 1등급의 별은 6등급의 별에 비해 $(2.5)^5$배, 즉 약 100배가 더 밝은 셈이다.

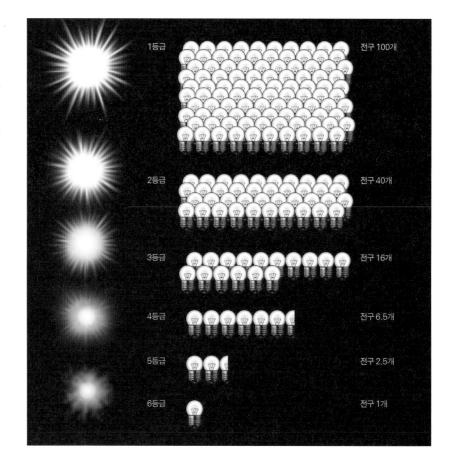

1등급	전구 100개
2등급	전구 40개
3등급	전구 16개
4등급	전구 6.5개
5등급	전구 2.5개
6등급	전구 1개

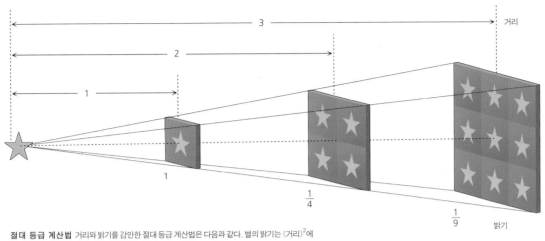

절대 등급 계산법 거리와 밝기를 감안한 절대 등급 계산법은 다음과 같다. 별의 밝기는 (거리)^{2}에 반비례한다. 따라서 거리가 2배, 3배로 멀어지면 밝기는 $\frac{1}{4}$배, $\frac{1}{9}$배로 감소한다.

야 한다. 그래서 모든 별이 10pc(=32.6LY) 거리에 놓여 있다고 가정했을 때의 밝기를 정하고, 이것을 '절대 등급'이라고 한다. 이 때 10pc보다 멀리 떨어진 별은 거리가 가까워지기 때문에 밝기는 증가하며, 절대 등급은 낮아진다. 반대로 10pc보다 가까운 별은 더 멀어지기 때문에 밝기는 감소하며, 절대 등급은 높아진다. 시리우스의 경우 약 2.7pc 떨어진 곳에 위치하고 있는데, 절대 등급은 1.4등급으로 그리 밝은 별이 아니라는 것을 알 수 있다. 그리고 태양의 경우에도 절대 등급은 4.8등급에 불과하다. 그러나 북극성의 경우 겉보기 등급은 2.1등급이지만, 절대 등급은 -3.7등급이다. 북극성은 실제로 매우 밝은 별이지만 거리가 너무 멀어서 어둡게 보이는 것이다.

| **별자리** | 밤하늘의 별들 가운데 서로 모여 어떤 모양을 이루고 있는 것처럼 보이는 것이 있다. 그러한 별들의 집단을 '별자리'라고 한다. 약 5,000년 전 고대 바빌로니아 지방에서는 유목민들이 별의 배열이나 위치 변화를 살펴보고 시간이나 계절의 변화를 확인하기도 하였다. 또 3,000년 전 이집트에서는 모두 43개의 별자리가 정해져 있었다. 이 고대의 별자리들은 그리스로 전해진 후, 신화 속 주인공이나 동물의 이름이 붙여지게 되었다.

미래의 북두칠성 큰곰자리의 일부를 이루고 있는 북두칠성의 경우 10만 년 정도 지나면 현재와는 완전히 다른 모습의 별자리를 보이게 될 것이다.

2세기 무렵에는 그리스의 천문학자 프톨레마이오스Klaudius Ptolemaeos, ? ~ ?가 모두 48개의 별자리를 정리하였고, 이 별자리는 다른 지역에도 널리 전파되었다. 그러나 그 후 새로운 별자리들이 관측되었고, 지역에 따라 같은 별자리가 서로 다른 이름으로 불리기도 하였다. 이에 따라 국제 천문 연맹International Astronomical Union, IAU에서는 통일된 별자리를 만들기 위해 1930년에 하늘을 88개의 구역으로 나누고 별자리를 정리하였다. 그 결과 황도상에 12개, 북반구의 하늘에 28개, 남반구의 하늘에 48개의 별자리가 결정되어 현재에 이르고 있다.

우리 나라에서는 대략 50여 개의 별자리를 볼 수 있다. 이 중에서 작은곰자리·큰곰자리·카시오페이아자리 등은 북극성 주변에 위치하고 있어 언제든지 관측할 수 있다.

저녁 9시 무렵에 남쪽 하늘에서 보이는 별자리를 계절 별자리라고 한다. 처녀자리·목동자리·사자자리 등은 봄철의 대표적인 별자리이며, 백조자리·거문고자리·독수리자리 등은 여름철에 남쪽 하늘에서 볼 수 있다. 또 페가수스자리·안드로메다자리 등은 가을철의 대표적인 별자리이며, 오리온자리·큰개자리·마차부자리 등은 겨울철에 남쪽 하늘에서 관측된다.

별자리들이 항상 같은 모습을 하고 있는 것은 아니다. 별들의 거리가 너무 멀어서 거의 움직이지 않는 것처럼 보일 뿐, 실제로는 나름대로 고유한 운동을 하고 있기 때문이다. 따라서 오랜 시간이 지나면 별자리의 모습은 조금씩 달라질 수밖에 없다. 우리의 먼 후손들이 밤하늘에서 보게 될 별자리는 분명 지금과는 다른 모습일 것이다.

또한 별까지의 거리가 너무 멀기 때문에 별빛이 우주 공간을 지나올 때 아주 많은 시간이 걸린다. 지금 내가 보고 있는 별은 사실은 과거의 별이다. 어쩌면 이미 우주 공간에서 사라져 버렸을지도 모른다. 내가 보고 있는 별빛이 수년 또는 수백 년 전의 과거로부터 온 것이라니 신비롭지 않은가?

천상열차분야지도

조선 태조 때 돌에 새겨 만든 천문도로, 중국에 이어 세계에서 두 번째로 오래 된 것이다. 천상열차분야지도란 천상, 즉 하늘을 12개로 나눈 후 그 안에 별자리를 그려 넣은 천문도를 말한다. 돌에 새겨진 이 천문도에는 76cm의 원이 그려져 있고 가운데에는 서울을 중심으로 우리 나라에서 보이는 중요한 별 1,464개가 그려져 있다. 그리고 원이 바깥쪽 공간에는 옛 사람들의 천문과 우주에 대한 설명이 기록되어 있는데, 모든 별자리를 북극성을 중심으로 28개 구역으로 나눈 별자리인 28수가 나타나 있고, 12차에는 목성의 해마다의 위치를 표시하였다. 이 천문도는 우리 나라 고대 천문학의 모습을 담고 있는 귀중한 자료로, 제작 당시에는 왕조의 권위와 운명을 예측하기 위한 성격도 있었으나, 이를 통해 우주를 관측하는 기술이 발달하였으며 천체들의 운동에 대한 이해를 높일 수 있었다.

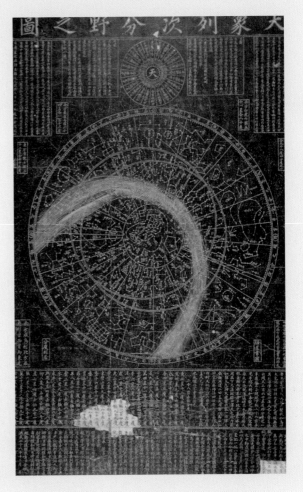

블랙홀 태양 질량의 30배 이상인 별들이 초신성 폭발을 거치면 강한 수축으로 인해 빛조차도 빠져 나갈 수 없는 블랙홀이 형성된다. 블랙홀은 직접 관측이 불가능하지만 강력한 전파를 방출하기 때문에 과학자들은 예상 후보 지역을 찾아 내고 있다. 백조자리 X-1은 그 대표적인 예이다.

중성자별 질량이 태양의 10배 이상으로 큰 별은 중심부의 무거운 물질만 남아 중성자별을 형성한다. 중성자별은 매우 빠르게 자전하면서 전파를 방출하여 '펄서' 라 불리기도 한다. 대표적인 중성자별의 지름은 약 10km에 불과하지만 질량은 태양과 비슷하여 1cm^{3}당 질량이 무려 10억 t에 이른다.

초신성 폭발 적색초거성 단계를 지난 별은 온도와 압력이 감소하면서 급격한 수축과 함께 폭발하여 많은 물질을 방출한다.

백색왜성

별의 진화
별의 탄생과 죽음

별은 온도가 낮으면서 밀도가 높은 성운에서 탄생한다.
기체의 내부 압력에 비해 질량이 너무 커지면 중력 수축이 일어나며
기체 밀도가 높아지고 온도가 상승한다. 온도가 계속 상승하면
중심부에서 수소 원자핵들이 서로 결합하는 융합 반응이 일어나면서
원시별이 탄생한다. 이후 별의 표면 온도가 높아지면서 적외선 대신
가시 광선과 자외선을 방출한다. 이후 대부분의 별은 주계열을 따라 성장하며
적색거성 단계를 지나면 행성상 성운이나 초신성으로 폭발하면서 생을
마감한다. 이 때 별의 중심부를 이루던 물질들은 별의 질량에 따라 백색왜성
·중성자별·블랙홀 등으로 변하며, 별의 폭발로 방출된 물질들은 다시
우주 공간으로 되돌아가 성운을 구성하는 물질이 된다.

적색초거성 질량이 태양의 10배 이상인 별들은 적색초거성 단계로 진화한다. 이러한 별들은 여러 종류의 핵 반응을 이어가며 중심부에 철이 남게 되면 더 이상의 핵융합 반응이 일어나지 않고, 서서히 식어 간다.

성운 성간 물질의 밀도가 점점 증가하면서 다양한
형태의 성운을 형성하고 압축된 수소 가스가 고온에 의해
스스로 불에 타면서 밝게 빛을 내기 시작한다.

가스나 먼지 우주 공간에 분포하는 가스나 먼지 등을
성간 물질이라 한다. 성간 물질의 밀도가 높아지면
성운을 형성한다. 성간 물질은 별을 탄생시키는
요람이기도 하지만, 별의 마지막 단계에서 폭발과 함께
생성되기도 한다.

회전하기 시작한다

적색거성 질량이 태양과 비슷한 별은 수소가 거의 바닥이 나면
적색거성으로 변화한다. 부피가 팽창한 적색거성은 마지막
단계에서 바깥부분이 날아가 버리고 중심부의 핵만 남아
백색왜성을 형성한다. 한번 우주 공간으로 날아간 별의 구성
물질은 다시 성간 물질로 남는다.

원시별의 탄생 가스가 자체 중력에 의해
모여들면서 회전하기 시작하고 거대한 가스
원반을 형성한다. 이때 중심부에서는 강력한
제트가 분출되면서 원시별이 탄생한다.

원시별의 탄생

주계열성 새롭게 탄생한 별이 역학적으로 안정한
단계에 들어서면 주계열 단계로 진화한다. 이 때 진화의
단계는 별의 초기 질량이 클수록 짧아진다.

탄생한 별

3 | 은하수와 우리 은하

견우와 직녀의 슬픈 전설로 유명한 은하수는 은빛으로 빛나는 강처럼 보인다고 하여 붙여진 이름이다. 별들이 많이 모여 있어 마치 밤하늘에 흐르는 강물처럼 보이기 때문이다. 다른 곳과 달리 왜 유독 은하수에만 많은 별들이 모여 있는 걸까? 그리고 계절에 따라서 은하수의 모습은 왜 다르게 보일까?

| **별들의 무리, 은하수** | 서양에서는 은하수를 여신 헤라가 젖을 뿌려서 만들어진 것이라 생각하여 '밀키 웨이milky way'라 불렀고, 동양에서는 밤하늘에 은빛으로 빛나는 물처럼 보이기 때문에 '은하수'라고 불렀다. 또한 우리 조상들은 은하수를 '용이 잠자고 있는 냇물'이라는 의미로 '미리내'라 부르기도 하였다.

견우와 직녀의 설화에 등장하는 은하수는 두 사람을 갈라놓은 한 많은 강이다. 해마다 칠석날이면 오작교가 놓이면서 두 사람은 한 차례씩 만날 수 있다고 전해진다. 이러한 설화가 등장한 이유는 은하수를 사이에 두고 밝게 빛나는 독수리자리의 견우성(알타이르)과 거문고자리의 직녀성(베가)이 있기 때문이다.

망원경을 발명한 갈릴레이는 수많은 이야기를 담고 있는 은하수가 무수한 별의 무리라는 것을 밝혀냈다. 별들이 아주 많이 모여 있어 마치 밤

은하수
은하수는 무수한 별의 무리로 겨울철보다 여름철에 더 밝게 보인다. 겨울에는 태양계가 속해 있는 우리 은하의 옆모습을 보게 되지만, 여름에는 우리 은하의 중심 방향을 보게 되기 때문이다.

하늘에 흐르는 강물처럼 보였던 것이다. 은
하수는 남북을 가로질러 천구상에서 큰 원
을 그리며 나타난다. 낮에는 보이지 않지
만, 맑은 날 밤이면 태양의 반대쪽에 흰 구
름처럼 펼쳐지는 은하수를 볼 수 있다.

| 우리 은하 | 수많은 별들의 집단을 '은하'
라고 하며, 태양계가 속해 있는 은하를 '우리
은하'라고 한다. 은하수는 특정한 구역을 따라 하
늘을 가로지르는 것처럼 보인다. 이것은 우리 은하의
별들이 대체로 일정한 방향으로 늘어서 분포하고 있으며, 멀리
떨어진 별들이 서로 겹쳐 보이기 때문이다. 이러한 별의 무리를 옆에서
바라보기 때문에 기다란 띠 모양으로 은하수가 관측되는 것이다. 결국
은하수는 태양계가 포함되어 있는 우리 은하의 옆모습에 해당된다고 할
수 있다.

태양은 우리 은하에 속하는 수많은 별들 가운데 하나이며, 행성들과 함
께 우리 은하의 가장자리에 있다. 태양이 우리 은하의 중심부에 있지 않
기 때문에 계절에 따라 은하수의 폭이나 밝기가 달라져 보인다. 즉 우리
은하의 가장자리에 위치해 있어 중심부를 관측할 때만 폭이 두껍고 밝게
보이는 것이다. 우리 은하는 겨울철보다 여름철에 더 폭이 넓고 밝게 보
이고, 특히 여름철의 궁수자리 방향이 더욱 밝다. 여름철의 궁수자리 방
향은 바로 우리 은하의 중심 방향에 해당하기 때문이다. 만약 태양계가

**소용돌이치는 우리
은하의 모습**
우리 은하는 소용돌이치는 2개의 나선
팔이 있는 막대 나선형 은하이다. 우주
공간에 분포하는 은하들 중에서는 나선형
은하들의 비율이 가장 많다.

국부 은하군
Local group of galaxies
우리 은하를 포함하여 약 500만 광년
범위에 분포하는 약 20여 개의
은하들을 국부 은하군이라 한다. 우리
은하와 안드로메다 은하(M31),
삼각형자리의 나선형 은하(M33)
등의 나선형 은하와 대마젤란 은하,
소마젤란 은하 등의 불규칙 은하,
그리고 10여 개의 타원은하 등으로
이루어져 있으며, 이 중 우리 은하와
안드로메다 은하가 전체 질량의 약
75% 를 차지한다.

우리 은하의 중심에 위치하고 있다면 우리는 밤하늘에서 사방으로 고르게 퍼져 있는 무수한 별을 볼 수 있을 것이다.

| 우리 은하의 모습과 규모 | 은하수를 구성하는 별들의 분포를 이용하여 밝혀 낸 우리 은하는 중심 근처에 막대가 있으며, 그 바깥쪽에 나선팔이 있는 막대 나선형 은하이다. 많은 성단과 성운을 포함하고 있으며 태양과 같은 별들이 약 2,000억 개나 있다. 우주 공간에서 소용돌이를 일으키며 회전하는 거대한 별의 집단이 바로 우리 은하의 모습이다.

우리 은하의 지름은 약 10만 광년이다. 즉 빛의 속력으로 10만 년을 가야만 우리 은하의 한쪽 끝에서 다른 쪽 끝으로 갈 수 있다는 말이다. 원반의 두께는 약 1.5만 광년이며, 태양계는 우리 은하의 중심부에서 약 3만 광년 떨어진 곳에 위치하고 있다.

한편, 우리 은하의 별들은 은하의 중심을 기준으로 공전한다. 태양계는 은하 중심을 약 2억 3,000만 년 정도의 주기로 공전하며, 중심 부근은 공전 속도가 더욱 빨라서 2,000만 년 정도이다.

| 외부 은하 | 우리 은하 너머에는 또 무수한 은하들의 무리가 있다. 우리 은하 밖에 위치하고 있는 은하들을 '외부 은하'라고 한다. 남반구에

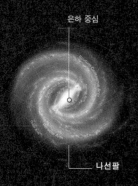

은하 중심

나선팔

위에서 본 우리 은하 모습

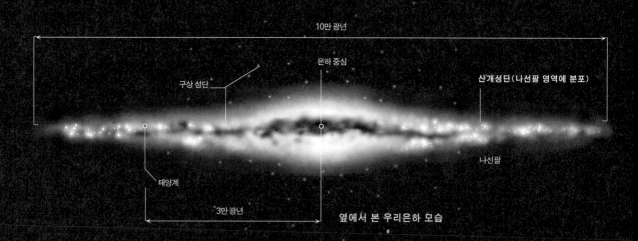

10만 광년

은하 중심

구상 성단

산개성단(나선팔 영역에 분포)

태양계

3만 광년

나선팔

옆에서 본 우리은하 모습

서 관측된 마젤란 은하는 한때 성운으로 알려져 있었지만, 이 천체 역시 무수한 별들이 모인 은하라는 것이 밝혀졌다. 마젤란 은하는 대표적인 불규칙 은하로, 우리 은하의 둘레를 회전하고 있는 위성 은하이다.

또한 우리 은하에서 약 200만 광년 떨어진 곳에 있는 안드로메다 은하는 전형적인 나선형 은하로 우리 은하와 모양이 비슷한데, 규모는 우리 은하보다 더 큰 것으로 알려져 있다. 그 밖에 타원 은하가 있으며, 강력한 전파를 발생하는 전파 은하도 있다. 현재까지 관측한 결과 나선형 은하가 가장 많다.

그리고 비교적 가까운 거리에 있는 은하들이 모여서 은하군을 형성한다. 우리 은하는 마젤란 은하와 더불어 *국부 은하군을 형성하고 있으며, 은하군들이 모이면 은하단을 형성한다.

우리에게 가장 중요한 천체는 당연히 태양이다. 태양이 없다면 지구상의 생물체는 존재할 수 없기 때문이다. 그러나 은하 내에는 태양과 같이 스스로 빛을 내는 별들이 헤아릴 수 없을 정도로 많다. 그리고 그 속에는 어쩌면 지구와 환경이 비슷하며 생명체가 존재하고 있는 천체들이 있을지도 모른다. 다만 우리의 능력으로 확인할 수 없을 뿐이다. 밤하늘을 수놓은 은하수를 바라보자. 어디에선가 우리를 바라보고 있을 또다른 생명체를 기대하며.

타원 은하
구형에서 납작하게 찌그러진 모양까지 다양하게 나타나며, 주로 나이든 별들이 많이 포함되어 있다.

정상 나선 은하
원반 모양을 하고 있으며 소용돌이치는 나선형 팔에 대부분의 물질이 모여 있다. 이 곳에서는 새로운 별들이 생성되고 있으며, 핵 부근에는 나이든 별들이 모여 있다.

막대 나선 은하
은하 핵이 막대형을 이루고 있다. 막대의 끝부분에서 나선형 팔이 뻗어 나온다.

안드로메다 은하
안드로메다 은하는 우리 은하와 함께 전형적인 나선형을 하고 있으며 우리 은하로부터 약 200만 광년 떨어져 있다. 지름은 약 15만 광년이며 3,000억 개의 별을 포함하고 있다. 현재 275km/s의 속력으로 우리 은하와 가까워지고 있어 약 60억 년 후에는 우리 은하와 충돌할 것으로 예측되고 있다.

불규칙 은하
특정한 모양을 갖고 있지 않은 은하로, 우주 공간에서 가장 적은 비율을 차지한다.

4 | 우주를 향한 도전

우리가 바라보는 밤하늘은 여전히 신비로운 세계이다. 무수한 은하들이 펼쳐져 있는 드넓은 우주 공간……. 그러나 우리의 시선이 닿을 수 있는 공간은 아직도 좁기만 하다. 우주는 어떤 모습을 하고 있을까? 우주의 끝은 있는 것일까? 우주를 향한 인간의 도전은 어디까지 가능할까?

▼ **아레시보 천문대의 전파 망원경**
푸에르토리코의 아레시보 천문대에 있는 세계 최대의 단일 전파 망원경. 이 전파 망원경은 지름이 300m에 이르는 알루미늄으로 된 구면 반사경이 있으며, 1969년 게성운 내부의 중성자별을 발견하는 데 크게 이바지하였다.

| **우주의 끝은 어디일까?** | 우리가 살고 있는 지구를 우주의 중심이라 여기던 적이 있었다. 그러나 오늘날 우리는 지구가 태양계를 구성하는 하나의 행성에 불과하다는 사실을 알고 있다. 이제 인류는 과학 기술의 힘을 빌려 지구를 넘어 저 먼 우주까지 시선을 넓혀 가고 있다. 인간의 끝없는 호기심이 미지의 세계, 우주에 과감하게 도전장을 내밀고 있는 것이다.

지금까지 우주는 무수한 은하들이 모여 있는 은하단들이 그물처럼 얽혀 있는 것으로 알려져 있다. 현재 관측된 은하들 사이의 거리는 서로 멀

어지고 있는데, 이것은 우주가 팽창하고 있음을 의미한다. ※허블의 법칙에 따르면 천체의 후퇴 속도는 거리에 비례하여 빨라진다. 따라서 멀리 떨어진 천체일수록 더 빨리 멀어진다. 망원경을 이용하여 관측이 가능한 우주의 범위는 약 150억 광년이다. 이 곳까지를 우주의 경계라고 한다면, 우주는 약 150억 년 전에 생성된 것으로 볼 수 있다. 관측 결과처럼 우주가 팽창하고 있다고 할 때, 가장 멀리 떨어진 우주의 경계 지역은 최대로 빛의 속도로 멀어질 것이기 때문이다. 이 때문에 150억 광년의 경계 부근에서 관측된 천체들은 우주 탄생 초기의 모습을 그대로 간직하고 있을 것으로 보고 있다.

| 망원경, 천체 관측에 새로운 지평을 열다 | 우주에 대한 인류의 시각을 바꿀 수 있었던 계기는 바로 망원경의 발명이다. 맨눈으로 천체를 관측하던 시절에는 미처 알지 못했던 새로운 세계를 망원경을 통해 경험하게 되었다. 깊고 깊은 어둠을 뚫고 신비롭게만 여겨지던 천체들의 실체를 직접 본다는 것은 놀라운 일이었다. 일찍이 갈릴레이는 망원경을 만들어 달과 태양을 관측하였으며, 목성 둘레를 공전하는 천체들의 존재를 밝혀 냈다. 오늘날 그 천체들

허블의 법칙
1929년 미국의 천문학자 허블이 발견한 법칙으로, 속도·거리 관계라고도 한다. 몇 개의 은하를 제외하면 대부분의 은하들이 우리 은하로부터 멀어지고 있는데, 이 때 후퇴 속도(V_i)와 은하까지의 거리(r) 사이에는 $V_i = Hr$의 관계가 성립한다는 것이다. 여기서 H를 허블 상수라 하며, 먼 곳에 있는 은하의 후퇴 속도를 측정하면 은하까지의 거리를 구할 수 있다.

허블 망원경

을 ※'갈릴레이 위성'이라고 부른다. 갈릴레이는 천체를 관측한 결과, 지구도 태양 둘레를 공전한다고 생각하였고, 은하수가 무수한 별의 집단이라는 사실도 알아냈다. 망원경이 천체 관측의 새로운 지평을 열게 된 것이다.

망원경에는 가시 광선 영역을 관측하는 광학 망원경과 천체에서 오는 전파를 관측하는 전파 망원경이 있다. 광학 망원경은 다시 ※굴절 망원경과 ※반사 망원경으로 나뉜다. 전파 망원경은 눈으로 보이지 않는 전파 영역을 관측하기 때문에 가시 광선을 방출하지 않는 천체도 관측할 수 있다.

지상에서는 대기의 방해를 받기 때문에 망원경으로 천체를 정밀하게 관측하기 어렵다. 허블 망원경과 같은 인공 위성 형태의 망원경을 우주 공간으로 쏘아 올리면 우주의 구석구석을 관측할 수 있다. 그 밖에 눈으로 보이지 않는 적외선이나 자외선 영역을 관측하기 위한 망원경도 있다. 따라서 가스나 먼지에 가려 보이지 않던 천체의 미세한 부분까지도 관측할 수 있다.

| **우주 탐사선** | 망원경만으로 천체를 관측하는 것은 인간의 호기심을 충족시키는 데 한계가 있었다. 그런데 인류의 오래 된 꿈이 결국 이루어지게 되었다. 인간이 직접 우주 공간으로 날아가 천체를 관측하기 시작한 것이다. 1957년 러시아에서 최초로 스푸트니크 인공위성을 발사하였다. 그리고 1961년 4월 러시아 어로 '동방(東方)'을 의미하는 보스토크 호가 최초로 인간을 태우고 우주 공간을 여행하였다.

그 후 미국과 러시아는 경쟁적으로 우주 개발에 노력하였고, 그 결과 1969년 미국은 인류 최초로 아폴로 11호를 이용하여 인간을 달에 착륙시켰다. 그로부터 약 40년이 지난 오늘날에도 세계 각국은 우주선 개발에 박차를 가하고 있다. 그 동안 많은 탐사선이 태양을 비롯한 행성들을 관측하였다. 일부 탐사선 중에는 태양계를 벗어나 머나먼 우주 공간을 여행하는 것도 있다.

그러나 아직까지도 인류가 발자국을 남긴 곳은 달뿐이다. 다른 천체들은 직접 탐사하기 어렵기 때문에 무인 탐사선을 이용할 수밖에 없는 상황이다.

탐사선을 우주 공간으로 보내려면 많은 연료와 경비가 든다. 이 때문에 최근에는 우주 왕복선을 개발하여 무중력 상태에서 실시하는 실험 활동이나 인공위성의 운반·수리·회수 등에 활용하고 있다. 1981년 4월에 미국의 우주 왕복선인 컬럼비아 호가 최초로 발사된 이후 많은 우주 왕복선들이 우주 공간을 여행하였다. 우주 왕복선은 우주 공간에 나갔던 탐사선이 다시 돌아올 수 있다는 점에서 일반 탐사선과는 다르다. 현재 차세대 우주 왕복선의 개발에도 많이 노력하고 있어 앞으로는 더욱 발전된 모습의 우주 왕복선이 등장할 것으로 보인다.

최초의 우주인
러시아의 조종사인 유리 가가린은 인류 최초의 우주 비행에 성공한 사람이다. 그는 1961년 4.7t이 넘는 우주선 보스토크 1호를 타고 1시간 29분 만에 지구의 상공을 일주하였다.

▼ **보이저 호** 1977년 발사되어 지금도 우주 공간 어딘가를 여행하고 있을 보이저 호에는 파도·개구리·아기울음 소리와 베토벤의 '운명' 교향곡 등을 담은 레코드판이 실려 있다. 이 같은 일련의 노력들을 기울이는 까닭은 어딘가에 있을지도 모르는 또다른 지적 생명체에 대한 기대 때문이다.

탐사선 발사를 통해 차세대 우주 계획에 필요한 새로운 추진력 기술에 대한 시험이나 탐사 활동을 통한 우주 물질의 수집이 끊임없이 시도되고 있다.

5 | 우주에서 살아가기

이제 우주 여행은 꿈이 아닌 현실로 우리 곁에 다가오고 있다. 영화 속에서나 가능해 보였던 우주 여행을 일반인들도 머지않아 할 수 있을 것이라고 한다. 그러면 우주 속에서 사람들은 어떻게 생활할까? 우주에서 인간이 살아가려면 어떤 점이 어려울까?

| 우주선에서 생활하기 | 우주선 안은 무중력 상태이기 때문에 모든 물체와 사람들이 공중에 둥둥 떠다닌다. 위아래의 구별도 없기 때문에 물건을 놓아도 아래로 떨어지지 않는다.

흔히 공상 과학 영화를 보면, 우주선에서 생활하는 우주인이 지구에서와 똑같이 행동하기 때문에 실제로도 그럴 것이라고 착각하기 쉽다. 그러나 우주인들은 지구와는 조건이 매우 다른 무중력 상태에서 지내야 하므로, 우주로 출발하기 전에 몇 달 또는 몇 년 동안 힘든 훈련을 받는다. 우주선 내부는 공기가 없는 진공 상태이므로 인공적으로 공기를 발생시켜 지구의 대기처럼 공기의 압력과 비율을 맞춰 주면 우주선 안에서 호흡하는 데 큰 문제는 없다.

| 우주에서는 어떻게 먹고 지낼까? | 사람들은 지구의 거의 모든 지역에서 살아간다. 심지어 남극과 같이 1년 내내 얼음으로 뒤덮인 곳에서도 기지를 건설하고 살아간다. 열대 지방이나 온대 지방·사막·극지방 어디에서든지 사는 방식은 달라도 음식을 먹고 배설하고, 잠자는 등의 일상 생활은 크게 다르지 않다. 그러면 우주에서는 어떻게 생활할까? 우주에서도 지구에서처럼 살아갈 수 있을까?

우주에서 생활하려면 지구에서 음식을 준비해서 싣고 가야 한다. 이 때

음식의 무게도 줄이고 오랫동안 보관해야 하기 때문에 음식물을 건조시켜 비닐 주머니에 넣어 둔다. 우주선 안은 무중력 상태이므로 아무리 무거운 물건도 무게가 없기 때문에 물건들을 그냥 놓아 두면 공중에 그대로 떠 있게 된다. 그러면 음식은 어떻게 먹을까?

우주선 안에서는 음식 주머니에 따뜻한 물을 부어 잘 섞어서 먹는다. 몇 가지 음식을 식판 위에 붙여 놓고 우주인의 무릎 위에 올려놓으면 그대로 식탁이 된다. 수저는 자석으로 만들어서 식판에 붙어 있게 한다.

우주선 밖에서 작업을 하기 위해 우주복을 입었을 때는 어떻게 먹을까? 우주복과 헬멧 사이에 있는 주머니에 물과 식량을 담아 둔다. 음식은 손을 대지 않고 먹을 수 있도록 막대기 형태로 만들고, 과일과 호두 등을 쌀로 만든 종이에 싸서 주머니에 넣어 둔 뒤 배고플 때 먹는다. 막대 음식은 딱딱해서 침을 발라 먹는데, 먹은 만큼 나머지 음식이 앞으로 나오게 되어 있다. 주머니에 담긴 물은 막대 음식 위에 달려 있는 빨대를 이용하여 먹는다. 음식물의 소화는 중력의 영향을 거의 받지 않는다.

| 우주에서는 어떻게 잠잘까? | 우주인들은 어떻게 잘까? 무중력 상태의 우주선에서는 아무 곳에서나 잘 수 있으므로 침대는 따로 없다. 그렇지만 잠자는 사람이 이곳 저곳을 떠다닐 수 있으므로 자신의 몸을 한쪽 벽에 끈으로 묶거나 침낭에 들어가 잔다. 최근에는 우주선 안에 관처럼 생긴 1인용 침실을 3~5개 따로 만들어 그 곳에서 잠을 잔다. 무중력의 상태인 우주선에서 승무원들은 신기하게도

모두 손을 앞으로 하고 잔다. 왜 이런 현상이 나타나며 그 원인이 무엇인지 아직까지 밝혀지지 않았다.

우주에는 물이 귀하다. 그래서 손을 씻고 싶을 때는 알코올을 묻힌 휴지로 닦거나 물수건을 이용한다. 그러나 현재의 우주 왕복선은 샤워 시설을 설치할 만한 공간도 없고 많은 물을 우주로 실어 나르기도 어렵기 때문에 우주인들은 샤워를 하지 못한다. 하지만 1973년에 발사된 우주 비행선에서는 비닐 봉투 속에 들어가 호스로 물을 뿌려 샤워를 했다고 한다.

남자들의 경우 면도를 할 때는 면도날을 사용하지 않고 전기 면도기를 사용한다. 우주에 갈 때 기초 화장품·마스카라·립스틱 등은 가져갈 수 있지만 매니큐어는 가져가지 못한다. 매니큐어에 휘발성 기체가 들어 있어 우주선에서 화재가 날 위험이 있기 때문이다.

또 우주선 안에서 걸을 때에는 단단히 고정되어 있는 물체들을 이용하거나 바닥이 우툴두툴한 신발을 신는다.

우주선 안에서는 볼일을 어떻게 해결할까?

대변을 볼 때

대변은 변기 의자 가운데 10cm 정도 되는 구멍에 정확하게 맞추어 넣어야 한다. 좁은 우주선에서 냄새가 많이 날 수도 있지만, 변기의 공기 흡입 장치와 우주선의 공기 여과 장치 때문에 냄새는 그렇게 나지 않는다. 우주선 안은 무중력 상태이므로 변기 양쪽에 연결된 끈으로 몸을 묶어 잘 앉은 다음 볼일을 봐야 한다. 볼일이 끝나면 변기 구멍을 닫을 수 있고, 화장지는 버리는 곳이 따로 있다. 이 때 생긴 배설물들은 지구에 가져와서 처리한다.

소변을 볼 때

소변은 호스를 이용해 따로 오줌통에 모아 둔다. 소변 깔때기의 모양은 남녀에 따라 약간 차이가 나며 몸에 부착되도록 되어 있다. 오줌 통은 3~4일 정도 되면 채워지게 되는데, 예전에는 이것을 우주 밖으로 버렸다. 우주 공간은 온도가 매우 낮아 오줌을 버리면 순간적으로 얼어 반짝이는 구슬처럼 보여서 아주 아름다운 광경을 연출했다고 한다. 최근에는 우주선의 무게를 줄이기 위해 우주선에 싣고 가는 물의 양을 줄이고 오줌을 정화기를 통해 물만 따로 분리하여 대부분을 재활용하고 있다.

대소변이 급할 때

우주복을 입고 있을 때에 대소변이 급하면 정말로 대책이 없다. 우주 한가운데에서 옷을 벗을 수도 없는 노릇이다. 그래서 우주복 안에 아기들처럼 기저귀를 차고 다니다가 거기에 대소변을 해결한다. 우주선에 돌아오면 사용한 기저귀는 우주선 안의 쓰레기통에 버린다.

블랙홀은 진짜 존재할까?

백조자리 X-1의 연성계 모델 동반성으로부터 블랙홀로 떨어지는 가스의 흐름을 볼 수 있으며, 블랙홀에서는 강력한 제트가 분출된다.

커다란 별이 생을 마감할 때는 대규모의 초신성 폭발을 일으킨 후 막대한 중력에 의해 빛조차도 흡수해 버리는 천체가 형성된다고 한다. 이러한 천체는 직접 관측할 수 없는 암흑의 공간이라는 의미에서 '블랙홀' 이라 한다. 그런데 이러한 블랙홀이 우주 공간에 실제로 존재하고 있을까?

블랙홀은 1789년 프랑스의 라플라스P. S. Laplace, 1749~1827가 처음 생각한 천체이다. 태양 질량의 수십 배에 이르는 별들이 폭발한 후에 핵에 해당하는 중심부는 강한 수축력에 의해 급격하게 줄어든다. 이 때 수축의 정도가 심해지면 빛도 빠져 나갈 수 없는 천체가 형성되며, 그 속을 빠져 나오는 데 필요한 탈출 속도는 빛속도보다 크기 때문에 빛도 빠져 나오지 못한다. 또한 블랙홀은 아주 강력한 중력장을 가지고 있기 때문에 빛을 포함하여 근처에 있는 모든 물질을 흡수해 버린다. 그러나 블랙홀은 직접 관측할 수 없었기 때문에 오랫동안 이론적으로만 존재해 왔다. 이 불가사의한 천체는 한동안 '얼어붙은 별frozen star', '붕괴된 물체collapsed object' 등으로 불리기도 했지만, 최근까지도 과학자들은 그 존재를 믿지 않았다. 블랙홀이 빛도 통과할 수 없다면 그 존재를 확인할 수 있는 방법은 블랙홀에 접근하는 것뿐이다. 하지만 블랙홀의 존재를 확인할 수 있는 과학적인 방법은 있다. 근래에 인공위성의 X선 망원경으로 강력한 X선을 방출하는 천체들이 관측되고 있는데, 이를 통해 블랙홀의 존재를 추정하고 있다.

별들은 둘 이상이 모여 서로의 중력에 의해 공통 질량을 중심으로 회전하는 경우가 많은데, 이러한 시스템을 연성계라 한다. 그리고 대부분의 연성계는 2개의 별이 모여 쌍성을 이루고 있다. 8000광년 떨어진 곳에 위치한 '백조자리 X-1'도 태양 질량의 20배가 넘는 청색 초거성과 쌍성을 이루고 있는 것으로 여겨지고 있다. 이 천체는 청색 초거성으로 부터 흘러나오는 가스가 모여들어 원반 형태로 나타나고 있으며 강한 X-선을 방출 하고 있다. 이 때문에 학자들은 '백조자리 X-1'이 블랙홀의 유력한 후보지일 것으로 보고 있다.

우리 은하의 중심부에서도 이러한 현상이 나타나고 있을 뿐만 아니라 각 외부 은 하의 중심부에서도 이러한 현상이 관측되고 있어 대부분의 은하 중심부에는 블랙홀 이 존재하고 있을 것으로 보고 있다. 눈에 보이지 않는 미지의 천체에서 나타나는 거 대한 에너지의 흐름은 블랙홀의 존재가 아니면 설명되지 않기 때문이다. 처녀자리 은하단에 있는 'M87'이라는 은하에는 중심 부분에 태양 질량의 50억 배나 되는 거대한 블랙홀이 있을 것으로 여겨지고 있다.

빛을 비롯한 모든 물질을 흡수해 버리는 검은 구멍 블랙홀이 존재한다면 반대로 흡수한 물질들이 빠져 나가는 공간도 필요하게 된다. 이것을 '화이트홀'이라 하고 블 랙홀과 화이트홀을 연결하는 통로를 시간과 공간의 '벌레먹은 구멍'이라는 의미로 '웜홀'이라 한다. 즉 블랙홀로 들어간 물체는 화이트홀로 빠져 나오게 되며, 웜홀은 전혀 다른 두 세계를 연결하고 있는 셈이다. 웜홀은 1969년 영국의 물리학자인 휠러 J. A. Wheeler에 의해 붙여진 이름이지만 이론적으로 생각할 수 있는 공간으로 실제 형성 과정에 대해서는 전혀 알 수 없다. 결국 웜홀은 시공을 초월하여 서로 다른 우주로 연결되는 지름길인 셈이며, 이러한 웜홀의 존재는 다중 우주 개념에 대한 기초를 제 공하게 된다. 즉 웜홀은 어미 우주, 딸 우주, 손자 우주로 연결된 다중 우주에서 서로 다른 우주로 빠져나갈 수 있는 통로가 된다는 것이다.

동반성으로부터
블랙홀로 떨어지는 가스

분출되는 제트

시간의 지평선

특이점 중력이 지구의 10억 배 정도가 되는 아주 작은 지점으로 중력이 무한대가 되는 곳이다. 시 간과 공간이 존재하지 않는다.

블랙홀의·중력 블랙홀의 중력은 너무도 강력해 중력 장내에 있는 모든 빛을 휘도록 만들기도 하며, 심지 어 흡수해 버리기도 한다. 한번 흡수된 빛은 다시 외 부로 나오지 못한다.

웜홀

화이트홀

브라헤와 케플러

브라헤 Tycho Brahe, 1546~1601

천체 관측사에서 맨눈으로 가장 놀라운 업적을 남긴 사람은 덴마크의 천문학자 브라헤이다. 그는 정확하고 정밀한 관측을 통해 방대한 자료를 남겼고, 이는 행성의 운동에 관한 케플러의 법칙이 형성되는 데 결정적으로 기여하였다. 브라헤는 귀족의 아들로 태어나 유럽 전역을 돌아다니며 천체 관측을 하였고, 1572년에는 카시오페이아자리 부근에서 새로운 별을 발견하기도 하였다.

그 후 덴마크 왕 프레데리크 2세의 지원을 받아 덴마크와 스웨덴 사이에 위치한 프벤 섬(지금의 벤 섬)에 당시 유럽에서 가장 큰 우라니보르크[Uraniborg] 천문대를 건립하고 이 곳에서 혜성을 비롯한 천체를 관측하였다. 브라헤는 이러한 관측 결과를 바탕으로 독창적인 우주관을 수립하였다. 코페르니쿠스가 이미 태양 중심설을 발표한 이후였지만, 그는 그 학설을 믿지 않았다. 만약 태양 중심설처럼 지구가 태양 둘레를 공전하고 있다면 지구는 천구상에서 수백만 km를 이동해야 할 것이다. 그럴 경우 비교적 가까운 곳에 위치한 별은 좀더 멀리 떨어진 별에 대해 시차가 나타나야 한다. 그러나 자신이 관측한 별은 그런 현상이 일어나지 않았다. 따라서 코페르니쿠스의 학설은 잘못된 것이며, 우주의 중심은 지구라고 생각하였다. 그래서 브라헤는 태양은 지구를 중심으로 공전하고 있으며, 태양 둘레를 다른 행성과 혜성이 공전하고 있다고 여겼다. 망원경도 없었던 당시의 관측 기술을 생각하면 어쩌면 당연한 생각이었을 것이다. 관측 활동을 활발하게 벌이던 그는 1600년에 자신을 박해하던 왕 크리스천 4세를 피해 프라하로 옮겨 간다. 그리고 그 곳에서 자신의 명성에 빛을 발해 줄 인물을 만나는데,

그가 바로 독일의 수학자이자 천문학자인 케플러이다.

케플러는 성직자의 길로 들어섰지만 나중에 천문학에 깊은 관심을 보이게 된다. 가난과 병으로 고생하던 케플러는 1600년 개신교 추방령 때문에 프라하로 갔다가 이 곳에서 브라헤를 만나게 된다. 당시 케플러는 코페르니쿠스의 신봉자로, 브라헤와는 전혀 다른 우주관을 가지고 있었다. 그럼에도 불구하고 티코 브라헤는 케플러에게 자신의 자료를 넘겨주게 된다. 케플러는 그가 남겨 준 방대한 자료를 정밀하게 분석하여 행성의 운동에 관련된 유명한 3가지 법칙을 만들었다. 자칫 도서관에서 먼지 속에 묻혀 있었을지도 모를 방대한 맨눈 관측 자료가 케플러에 의해 빛을 보게 된 것이다. 케플러가 밝혀 낸 3가지 법칙은 다음과 같다.

제1법칙(타원 궤도의 법칙) 행성은 태양을 초점으로 하는 타원 궤도를 그리며 운동한다.

제2법칙(면적 속도 일정의 법칙) 행성이 공전 궤도상에서 일정한 시간 동안에 휩쓸고 지나간 면적은 일정하다.

제3법칙(조화의 법칙) 행성의 공전 주기(P)의 제곱은 공전 궤도의 긴반지름(a)의 세제곱에 비례한다. ($P^2 \propto a^3$)

성장 과정이나 사고 방식 등 여러 면에서 서로 다른 점이 많았던 두 사람의 만남은 천문학사에 획기적인 발전을 가져왔다. 방대한 천체 관측 결과를 가지고 있던 브라헤와 수학적 재능으로 이를 분석하여 행성의 운동 규칙을 밝혀 낸 케플러는 상생의 과학을 일궈 낸 것이다. 물론 그 바탕에는 오로지 천체 관측에만 몰두했던 브라헤의 열정이 있었기에 가능한 일이었다.

케플러 Johannes Kepler, 1571~1630

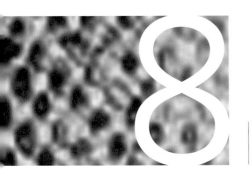

8

현대 과학 산책

1. 특수 상대성 이론

1905년, 무명의 과학자 아인슈타인_{Albert Einstein, 1879~1955} 은 시간과 공간의 개념을 뒤흔들어 놓은 특수 상대성 이론을 발표하였다. 학생 시절 그리스 어 문법 교사로부터 "넌 결코 아무것도 될 수 없을 거야!"라는 심한 말을 들었던 소년이 26세가 되어 누구도 상상하지 못한 자연의 신비를 밝혀 낸 것이다.

|현대 물리학의 두 기둥| 뉴턴의 고전 물리학과 크게 구별되는 20세기 현대 물리학은 상대성 이론과 양자 역학이라는 두 기둥 위에 건축되었다. '빛의 성질'을 탐구하는 과정에서 탄생했다는 공통점을 가진 두 이론은 각각 시간과 공간, 그리고 원인과 결과에 대한 인류의 생각을 근본적으로 바꾸는 대변혁을 가져왔다. 뉴턴의 역학으로 풀기 어려웠던 미세한 입자의 세계와 광대한 우주를 움직이는 비밀을 한 꺼풀 벗겨 낸 것이다.

아인슈타인의 상대성 이론은 1905년에 발표한 특수 상대성 이론과 1915년에 발표한 일반 상대성 이론으로 이루어져 있다. 특수 상대성 이론은 사물이 일정한 속도로 움직이는 '특수한' 운동만을 다루는 한계를 가진 반면, 일반 상대성 이론은 가속도가 붙은 물체의 운동까지 다루는 이론이다. 여기서는 물리학과 우주론의 새 장을 연 특수 상대성 이론, 일반 상대성 이론, 양자 역학 가운데 특수 상대성 이론의 기초만을 살짝 맛보기로 하자.

|시계가 느려지고, 길이가 줄어든다| 특수 상대성 이론의 핵심은 시간과 공간이 '상대적'이라는 것이다. 물체의 운동으로부터 그 물체들 사이에 작용하는 힘을 알아내려고 했던 뉴턴의 역학에서 '속도 = 거리 / 시간'이다. 이 공식에는 시간과 공간(거리 또는 길이)의 개념이 다 들어 있다. 그리고 이 공식이 변하지 않는 법칙이 되려면 시간과 공간은 '절대적'이어야 한다. 쉽게 말하면 시간을 재는 시계나 공간을 재는 자는 언제 어디서든 균일해야 한다는 것이다. 이 같은 뉴턴의 절대 시간, 절대 공간 개념은 우리의 상식이나 일상적 경험과 일치한다. 시계가 상황에 따라 느려지거나 빨라지고, 자의 길이가 늘었다 줄었다 해서는 어떤 것을 정확히 측정한다는 것이 불가능하기 때문이다.

그러나 특수 상대성 이론에 따르면, 매우 빠른 속도로 운동하는 물체에서는 시간이 느려지고 길이가 줄어드는 현상이 나타난다. 이 같은 '시간 연장'과 '공간 수축'은 시간과 공간이 별개의 존재가 아니라 하나로 연결된 '시공간'이기 때문에 일어나는 것이다.

|무엇도 빛을 추월할 수는 없다| 시속 100km로 달리는 기차가 있다. 이 기차 안에서 경찰이 범인을 추격하고 있다. 범인은 뒤 칸에서 앞 칸으로, 다시 말해 기차의 진행 방향으로 시속 10km로 도망가고 있다. 이 때 기차 밖에서 이 추격전을 구경하는 사람의 눈에는 범인이 시속 몇 km로 움직일까? 답은 간단하다. 100+10=110, 즉 시속 110km가 된다. 이렇게 뉴턴 역학에서는 속도의 더하기가 적용된다.

그런데 자리에 앉아 있는 한 승객이 기차의 진행 방향으로 손전등을 비추었다고 해 보자. 빛속도는 초속 30만km이며, 시속으로 계산하면 10억km가 넘는다. 이 때 기차 밖의 사람에게 이 손전등 빛속도는 얼마가 될까? 뉴턴 역학에 따르면 기차의 속도인 시속 100km에 빛속도를 더해야 하니, 이 손전등 빛은

광속보다 빨라진다. 그러나 실제로 이런 일은 일어나지 않는다.

아인슈타인은 빛속도는 자연계의 한계 속도이기 때문에 '절대적'이라는 사실을 밝혀냈다. 어떤 물체에 어떤 속도를 더하든 그 물체가 빛속도를 넘어서는 것은 불가능하며, 빛속도는 어떤 위치에서 누가 관찰하든 언제나 초속 30만 km로 일정하다. 앞의 예에서 '빛속도 + 기차 속도 시속 100km = 빛속도'가 되는 것이다. 이것을 광속 불변의 원리라고 한다.

특수 상대성 이론의 공식인 $E = mc^2$에서 E는 에너지, m은 물질의 질량, c는 빛속도이다. 여기서 빛속도 c는 언제나 변하지 않는 상수이다. 우주에서 절대적이고 변하지 않는 것은 빛속도이며, 절대적이라고 믿어 왔던 시간과 공간이 오히려 상대적인 것이다.

|시간의 연장| 특수 상대성 이론에 따르면, 달리는 자동차 안에 있는 시계처럼 움직이고 있는 시계는 정지해 있는 시계에 비해 느려진다. 그런데 우리는 실제로 그런 일을 경험한 적이 없다. 왜 그럴까? 느려지는 정도가 매우 작기 때문에 느낄 수 없는 것이다.

시간 연장 공식에 따르면 광속의 1/2로 달리고 있는 시계는 운동하지 않는 시계에 비하여 약 15% 정도 느려진다. 광속의 2/3 속도가 되면 느려짐은 34%로 매우 커진다. 그리고 물체의 속도가 광속에 아주 가까워지면 시간은 거의 무한대로 늘어난다. 만약 누군가가 빛속도와 비슷하게 나는 우주선 안에 있다면, 그 사람의 수명은 무한히 늘어나는 것이다.

경주용 자동차가 시속 300km로 달리는 경우를 생각해 보자. 이 때 그 안에 있는 시계의 느려짐은 어느 정도일까? 계산해 보면, 약 100조분의 1% 정도가 된다. 이렇게 작기 때문에 우리가 느낄 수 없는 것이다. 그러나 만약 경주용 자동차가 광속의 2/3로 매우 빠르게 달린다면 정지한 시계가 60분 갔을 때, 차 안의 시계는 40분밖에 가지 않는다.

우리가 일상에서 경험하기 힘든 이 원리가 실제 적용되는 예로 내비게이션을 들 수 있다. 자동차에 달려 있는 내비게이션 시스템^{car navigation system}은 지구 주위를 돌고 있는 4개의 GPS ^{Global Positioning System} 위성으로부터 시각 정보를 받아

자신의 위치를 파악하는 위성 항법 장치이다. GPS 위성의 공전 주기는 12시간으로, 지구의 2배 속도로 회전하고 있다. 따라서 지상보다 시간이 느려진다. 이 같은 시간의 느려짐 때문에 생길 수 있는 위치 결정의 오차를 막기 위해 위성에 탑재된 시계의 주파수는 4.43×10^{-10}의 비율만큼 작게 설정되어 있다. 쉽게 말하면 지상의 시계보다 미세하게 빠른 진동을 하는 시계가 GPS 속에 들어 있는 것이다.

GPS 위성
GPS 위성 안에는 원자 시계가 있어서 오차가 거의 없는 시각 동기 신호를 내보낸다. 자동차의 GPS 장치에서는 여러 개의 위성에서 오는 신호의 시차를 계산하여 위치를 결정한다.

|뮤온의 수명이 늘어나다| 상대성 이론의 시간 연장 효과는 1930년대 물리학자들의 연구 속에서 명쾌하게 입증되었다. 우주 공간에서 지구로 쏟아지는 무수한 미립자 가운데 뮤온, 곧 μ(뮤) 입자라고 하는 소립자가 있다. 뮤온은 전자의 한 무리로 (−)전기를 띠고 있지만, 질량은 전자보다 훨씬 무겁다. 뮤온은 불안정한 입자로, 수명이 약 $2\mu s$(마이크로초 $= 10^{-6}$초)이다. 약 100만분의 2초이니 순간적으로 사라지고 마는 것이다.

〈뮤온과 상대성 이론〉

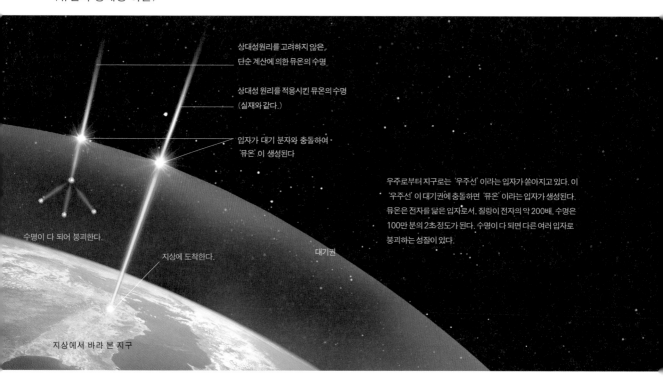

상대성원리를 고려하지 않은, 단순 계산에 의한 뮤온의 수명

상대성 원리를 적용시킨 뮤온의 수명 (실재와 같다.)

입자가 대기 분자와 충돌하여 '뮤온'이 생성된다

우주로부터 지구로는 '우주선'이라는 입자가 쏟아지고 있다. 이 '우주선'이 대기권에 충돌하면 '뮤온'이라는 입자가 생성된다. 뮤온은 전자를 닮은 입자로서, 질량이 전자의 약 200배, 수명은 100만 분의 2초정도가 된다. 수명이 다 되면 다른 여러 입자로 붕괴하는 성질이 있다.

수명이 다 되어 붕괴한다.

지상에 도착한다.

대기권

지상에서 바라 본 지구

과학자들은 뮤온을 지상에서 관측하는 것은 불가능하다고 생각했다. 뮤온의 수명이 너무 짧아서 지상으로 떨어지는 거리가 1,000m에도 미치기 어려웠기 때문이다. 그러나 뮤온이 지표 근처에서 관측되자, 과학자들은 마침내 특수 상대성 이론에서 답을 찾았다. 뮤온의 속도가 빛속도에 가까워지면서 수명이 연장된 것이었다.

예를 들어, 뮤온이 광속의 1/2 속도로 이동하고 있다고 해 보자. 이 때 뮤온이 이동할 수 있는 거리를 계산하면, 1/2×빛속도×수명＝300m가 된다. 그렇지만 실제로 뮤온은 345m를 하강할 수 있다. 뮤온의 수명이 15% 정도 연장되는 것이다.

|공간의 수축| 공간이 수축한다는 것은 물체의 길이가 줄어든다는 말이다. 만약 빛에 가까운 속도로 달리는 기차가 있다면, 기차와 기차 안에 있는 모든 것은 운동 방향으로 길이가 줄어든다. 쉽게 말해서 승객들의 몸이 날씬해진다는 것이다. 이처럼 운동하는 물체의 길이가 줄어드는 것을 '로렌츠 수축'이라고 한다. 네덜란드 물리학자 로렌츠 Hendrik Antoon Lorentz, 1853~1928가 길이의 수축을 예언한 것을 따서 이렇게 이름 붙인 것이다. 아인슈타인은 로렌츠 수축이 시간의 연장과 함께 시공간의 근본적인 성질이라는 것을 간파하여 특수 상대성 이론으로 공식화하였다.

시속 300km로 달리는 경주용 자동차의 앞뒤 길이는 얼마나 짧아질까? 만약 차체가 3m라면 길이는 3m의 100조분의 1만큼 짧아진다. 이것은 원자핵 1개 정도의 크기이다. 움직이는 물체는 운동 방향으로 길이가 짧아지기 때문에 빨리 달리는 사람은 날씬해 보일 것이다. 하지만 이것은 그 사람이 광속의 몇 분의 1 정도로 달릴 때나 가능한 이야기다.

2. 현대의 우주론

우주의 모습을 밝히려는 노력은 인류 역사와 함께 시작되었다. 그러나 우리 은하 밖에 또다른 은하가 있다는 사실을 안 것은 불과 80여 년밖에 되지 않았다. 1924년, 안드로메다 은하가 외부 은하라는 사실이 밝혀지면서 우주의 지평은 훨씬 넓어졌지만 아직도 우주는 비밀로 가득 차 있다. 우주는 어떻게 생성된 것일까? 또 앞으로 어떻게 변화할까?

|빅뱅 이론의 등장| 1917년, 아인슈타인은 일반 상대성 이론에 근거하여 "우주는 팽창하지도, 수축하지도 않는다."는 정적 우주론을 발표하였다. 그러나 1929년에 허블 Edwin Powell Hubble, 1899~1953 은 은하들의 ※적색 이동을 조사한 끝에 멀리 떨어진 은하일수록 더 빠르게 멀어지고 있다는 사실을 알아냈다.

허블은 이 사실이 우주가 팽창하고 있음을 말해 주는 중요한 증거라고 보았다. 다시 말해 우주에 있는 은하들은 모두 우리 은하로부터 멀어지고 있으며, 그 속도는 거리에 비례한다는 것이다. 이것을 '허블의 법칙'이라 한다($V=H \times r$). 우주는 어느 방향으로나 똑같은 비율로 팽창하고 있으며, 어느 은하에서 관측하더라도 같은 결과를 얻게 된다. 따라서 팽창의 중심은 없는 것이다. 곧 우주의 중심이 없다는 것을 의미한다. 그런데 만약 우주가 팽창하고 있다면, 필름을 거꾸로 돌리듯 시간을 거슬러 올라가면 언젠가는 한 점에 모이게 된다. 이것이 빅뱅 이론의 기초가 되었다.

적색 이동
별이 지구에서 멀어져 갈 때 그 별빛의 스펙트럼 선들이 붉은색 쪽으로 이동하는 현상을 가리킨다. 적색 이동이라는 말은 도플러 효과에서 유래하였다. 앰뷸런스가 멀어지면 경적 소리의 음이 낮아지는 것처럼 들리는데, 이러한 현상을 도플러 효과라고 한다. 이 현상은 음파가 길게 늘어나면서 진동수가 줄어들기 때문에 나타난다.

1948년, 미국 물리학자 가모프는 빅뱅 초기의 모습을 설명한 논문을 발표하였다. 그는 온도와 밀도가 높은 초기 우주가 급격하게 팽창하면서 점차 식기 시작하였고, 이 초기 우주에서 수소, 헬륨 같은 가벼운 원소가 만들어져 현재까지 우주의 대부분을 차지하게 되었다고 주장했다. 그리고 그는 대폭발과 함께 방출되었던 엄청난 열과 복사선의 흔적인 *우주 배경 복사선이 남아 있을 것이라고 예견하였다.

1965년에 펜지아스 A. Penzias, 1933~ 와 윌슨 R. Wilson, 1936~ 은 우주의 모든 방향에서 균일하게 절대 온도 3.5도에 해당하는 우주 배경 복사선을 검출하였다. 또한 대폭발 때 형성되었을 것으로 여겨지는 천체로서 은하의 수백 배에 이르는 에너지를 방출하고 있는 퀘이사 같은 천체가 발견되면서 대폭발론을 뒷받침하였다. 현재까지 빅뱅 이론은 우주의 생성을 설명할 수 있는 가장 적합한 모형으로 알려져 있다.

우주 배경 복사선
빅뱅 이론에 따르면 초기 우주에는 매우 높은 밀도와 온도 때문에 빛과 물질이 뒤엉켜 있었다. 빅뱅이 일어난 지 30만 년 뒤에 빛과 물질이 분리되는데, 이때 최초로 물질을 빠져 나온 빛이 우주 배경 복사다. 당시 3000K(절대 온도 K = 섭씨 온도 ℃ + 273.15)였던 우주 배경 복사는 우주가 팽창하면서 식었기 때문에 현재 약 3K여야 한다. 이 배경 복사선은 우주 빅뱅에 따른 화석이라 불리기도 한다.

| 우주의 역사와 미래 | 약 150억 년 전 상상할 수 없을 만큼의 초고온, 초고밀도의 물질이 대폭발을 일으켰다. 폭발 후 10~35초 동안 우주 공간이 급속하게 팽창하였다. 팽창과 더불어 온도가 낮아지고 밀도도 점차 줄어들면서 물질이 생성되기에 이른다. 마침내 이 속에서 은하와 무수한 별들이 탄생하였다. 이것이 빅뱅 이론에 근거한 우주 탄생의 과정이다.

그리고 현재 멀리 떨어진 은하들을 관측한 결과 그들이 계속 더 멀어지고 있다는 것이 확인되었다. 이것은 빅뱅 이후에 우주가 계속해서 팽창하고 있다는 것을 의미한다. 만약 우주가 일정한 속도로 팽창한다면 그 팽창률을 이용해 나이를 계산할 수 있는데, 이 계산에 따르면 *우주의 나이는 약 150억 년이다. 이것은 현재 우리가 볼 수 있는 우주의 크기가 대략 150억 광년이라는 것을 나타낸다. 왜냐 하면 우리는 150억 년이 걸려서 온 빛까지만 볼 수 있기 때문이다.

그러면 우주는 언제까지 팽창할까? 우주의 미래를 설명하는 3가지 이론이 있다. 우주의 팽창이 앞으로도 계속될 것이라는 '열린 우주' 론, 우주의 팽창이 어느 한도에서 멈춘다는 '평탄 우주' 론, 우주의 팽창이 어느 시점에서 멈추고 다시 수축하여 격렬하게 합쳐진다는 '닫힌 우주' 론이 그것이다. 이 가운데 현재의 우주가 어느 순간 수축하기 시작하여 스스로 붕괴하면서 종말을 맞을 것이라는 닫힌 우주론에서는 새로운 폭발과 함께 또다른 우주가 만들어질 것으로 보고 있다.

그런데 우주 공간의 밀도를 측정한 결과, 닫힌 우주론보다는 계속해서 팽창한다는 열린 우주론이 더 설득력을 얻고 있다. 그러나 우주가 만약 이 상태로 계속 팽창한다면 별들은 에너지를 모두 소모해 차갑게 식어 갈 것이며, 생명은 더 이상 존재하지 못할 것이다.

| 암흑 물질과 진공 에너지 | 천체는 중력의 작용에 따라 움직인다. 그러면 중력은 어떻게 생겨날까? 물질이 없으면 중력은 생겨날 수 없다. 우주 공간에서 별과 은하의 움직임을 설명하려면 반드시 관측되는 물질보다 훨씬 더 많은 물질이 존재해야 하며, 은하들이 바깥으로 흩어지지 않으려면 눈에 보이지 않는 물질의 중력이 작용해야 한다.

우주의 나이
팽창 속도 = 허블 상수 × 거리'로부터 허블 상수의 역수 값으로 우주의 나이를 구할 수 있다. 여러 가지 방법으로 구한 허블 상수 값은 68~78km/s/Mpc이며, 이것은 326만 광년 떨어진 은하가 68~78km/s의 속도로 멀어지고 있음을 의미한다. 그리고 이를 통해 구한 우주의 나이는 125억~150억 년이다.

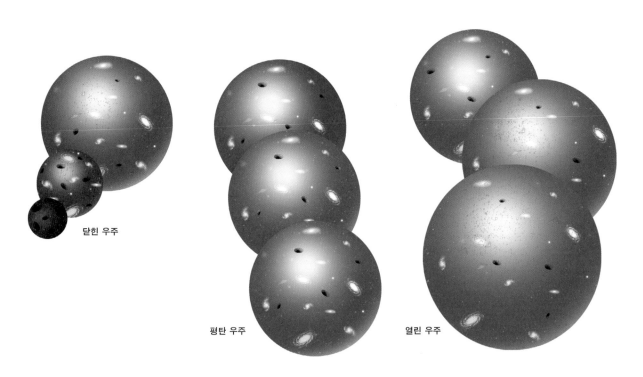

닫힌 우주

평탄 우주

열린 우주

233

우리가 관측할 수 있는 별과 은하는 우주 전체의 질량 가운데 극히 일부에 지나지 않는다고 한다. 이처럼 눈에 보이지 않는 물질을 '잃어버린 질량' 또는 '암흑 물질'이라고 부른다. 암흑 물질은 우주 총 질량의 90% 이상을 차지하고 있으며, 어떠한 전자기파로도 관측할 수 없고 오직 중력의 여부를 통해서만 그 존재를 알 수 있다고 한다.

그런데 최근에 진공 에너지의 개념이 새롭게 등장하였다. 이 이론은 우주의 구성 요소 가운데 물질은 암흑 물질까지 포함해서 대략 35%에 지나지 않는다고 한다. 나머지 65%는 물질이 아니라 에너지로 존재하고 있는데 이것이 '진공 에너지'다. 진공 에너지의 정체는 아직 밝혀지지 않았지만, 우주 곳곳에 균일하게 퍼져 있을 것으로 예상되고 있다. 또 진공 에너지에는 에너지 보존의 법칙이 적용되지 않아 공간이 넓어질수록 진공 에너지도 늘어난다고 한다.

실제로 진공 에너지가 존재한다면, 우주가 팽창하면서 물질의 밀도는 작아지고 진공 에너지의 비율이 점점 커지게 된다. 게다가 진공 에너지는 천체들 간에 작용하는 인력과 달리 서로 밀어내는 힘, 즉 척력으로 작용하기 때문에 우주의 팽창 속도는 급격히 빨라질 것이다. 하지만 진공 에너지의 비밀이 언제 풀릴 수 있을지는 아직 미지수다.

|쿠오바디스, 우주?| 과연 우주는 어디를 향해 가고 있는 것일까? 우주가 주기적인 순환 과정을 거치는 것인지, 아니면 단 한 번의 폭발로 다시는 되돌릴 수 없는 팽창을 계속할 것인지에 대한 해답은 우주 물질의 밀도에 대한 연구가 좀더 진행된 후에 얻어질 것 같다. 왜냐 하면 우주 물질의 밀도값에 따라 수축과 팽창이 결정되기 때문이다. 밀도값이 크면 자체 중력에 의해 수축할 것이고, 밀도값이 작으면 팽창을 계속할 것이다.

물론 아직 명확한 결론을 내릴 수는 없다. 만약 진공 에너지의 실체가 밝혀진다면 우주의 팽창이 더욱 가속화될 것이라고 판단할 수 있다. 지금도 과학자들은 우주의 진화 과정에 영향을 미칠 우주 밀도를 측정하기 위한 탐사 활동을 계속하고 있다. 그리고 그 결과는 최근 들어 새롭게 대두된 진공 에너지의 존재와 함께 우주 진화의 실마리를 제공할 것이다.

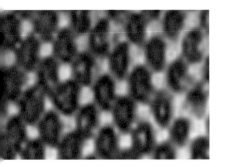

인류의 밝은 미래를
위한 과학

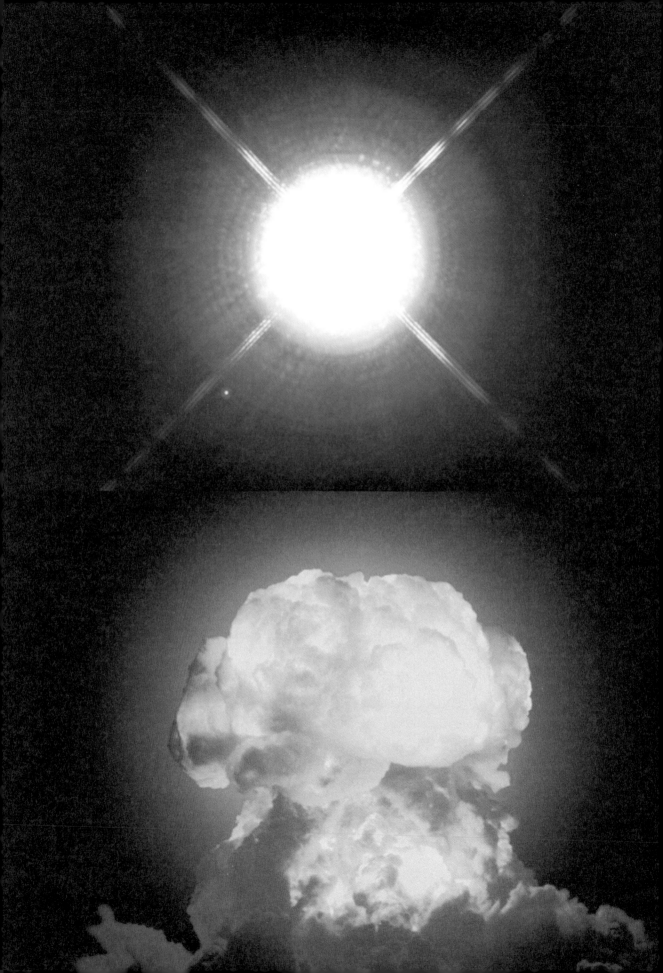

인류의 밝은 미래를 위한 과학

이야기 하나

원자 폭탄의 기본 원리를 알아낸 아인슈타인에게 친구들이 물었다.

"자네가 보기에 3차 세계 대전에는 어떤 무기들이 사용될 것 같은가?"

아인슈타인은 잠시 생각에 잠겼다가 입을 열었다.

"3차 세계 대전에 어떤 무기들이 쓰일지는 잘 모르겠지만, 4차 세계 대전에 사용될 무기들이 무엇인지는 확실히 말할 수 있네."

"그것이 무엇인가?"

"보나마나 돌도끼와 창이지."

오늘날 지구촌 곳곳에서 벌어지고 있는 크고 작은 전쟁 소식을 전하는 텔레비전 뉴스를 보면, 마치 첨단 무기의 경연장을 보고 있는 것 같다. 이 무기들은 어마어마한 파괴력으로 인명을 살상하고 환경을 파괴하여, 인류 전체의 생존을 위협한다. 그래서 현대전의 진정한 승자는 있을 수 없다고 하는 것일까.

서양에서 처음으로 전쟁에 화약과 대포를 도입한 사람은 베르톨트라는 독일의 수도승이라고 알려져 있다. 16세기에 유럽 국가들이 식민지를 개척하는 데 이 새로운 파괴 무기는 유용하게 쓰였다. 그러나 이 '기사답지 못한 투쟁 방법'을 비난하는 목소리가 높았다.

"인간을 살해하기 위해서 고안된 모든 것 가운데 가장 극악하고 비인도적인 것은 대포이다. ……이것을 고안해 낸 자는 이 세상이 존속되는 한 두고두고 저

주받고 욕을 먹어야 마땅하다.”

그러나 그 후 과학자들은 전쟁 무기를 끝없이 고안해 냈다. 노벨이 다이너마이트를, 노벨 화학상 수상자인 하버가 독가스를, 아인슈타인의 천재적인 머리가 결국 원자 폭탄을 만들어 낸 것이다.

이야기 둘

유태계 부모 사이에서 태어난 독일의 화학자 프리츠 하버Fritz Haber 1868-1934는 ‘공기로 빵을 만든’ 과학자라는 칭송을 받았다. 그는 공기 속에 있는 무진장의 질소로부터 비료를 만드는 방법을 발견하여, 인류의 식량 문제를 해결하는 데 크게 공헌했다.

그러나 그의 뛰어난 과학적 두뇌는 인류를 대량 살상하는 데도 쓰였다. 1차 세계 대전이 일어나자 독일 정부를 위해 독가스라는 화학 무기를 개발해 낸 것이다. 이 공로로 하버는 독일에서 높은 지위에 올랐지만, 인류에게 용서받을 수 없는 죄를 저지른 악인이라는 비난에서 벗어날 수 없게 되었다. 뒷날 하버는 히틀러의 유태인 박해에 항의하다가 독일에서 추방되었고, 그가 개발한 독가스는 나치의 유태인 대학살에 이용되었다.

이야기 셋

손오공은 위기에 처했을 때 머리카락 하나를 뽑아 들고 훅 분다. 그러면 똑같이 생긴 가짜 손오공이 여럿 나타나서 요괴의 눈을 어지럽힌다. 또 우리의 옛날이야기에는 무심코 잘라 버린 손톱을 먹은 쥐가 그 사람으로 둔갑하는 이야기가 있다.

이 거짓말 같은 일들이 지금 우리 눈앞에서 펼쳐지고 있다. 새로 탄생한 복제 동물에 관한 소식으로 세상이 떠들썩하고, 여러 가지 유전자 변형 식품이 우리도 모르는 사이에 식탁에 오르고 있다. 이렇다 보니 복제 인간이 탄생하는 것은 시간 문제라고들 한다. 이제 과학은 우리 생활에 필요한 것들을 제공하는 일을 넘어서, 사람의 생명 자체를 다루고 있는 것이다.

유전 공학의 눈부신 발전을 둘러싸고 학자들의 찬반 논쟁이 일고 있다. 찬성

하는 쪽은 유전 공학이 사람의 질병을 치료하고 식량 문제를 획기적으로 개선하는 데 기여할 것이라고 주장한다. 그러나 반대하는 사람들은 그 기술이 악용될 경우 엄청난 문제를 불러올 위험이 있을 뿐만 아니라, 생명의 윤리와 생태계의 온전성을 지키기 위해서도 더 이상 유전 공학 연구를 진행해서는 안 된다고 목소리를 높인다.

앞의 이야기들을 통해 알 수 있는 것처럼 과학은 야누스의 얼굴을 가지고 인류 역사에 이중적인 발자취를 남겨 왔다. 즉, 과학은 인간의 풍요롭고 편리한 생활을 가져온 반면, 인류의 생존을 위협하는 파멸적인 재앙도 함께 불러 온 것이다.

특히 21세기의 인류가 풀어야 할 절박한 과제인 환경 문제, 생명 공학 문제, 에너지 자원 고갈 문제, 핵 문제 등은 모두 과학을 맹목적으로 추구하고 자연을 분별없이 파괴한 데서 비롯되었다.

우리가 추구해야 할 과학

우리가 풍요롭고 행복한 미래를 위해 추구해야 할 과학의 모습은 어떤 것일까? 그것은 인류의 평화와 복지에 기여하는 과학, 그리고 자연과 조화롭게 공존하는 과학이다. 그러기 위해서는 인류의 '과학적 능력'과 '사회적 능력'이 적절한 균형과 조화를 이루어야 한다.

사회적 능력이란, 과학이 국가나 기업의 이익에만 봉사하는 것이 아니라 인류의 복지, 자연과의 공존에 기여할 수 있도록 관리하고 통제하는 사회적 힘을 말한다. 과학을 견제하는 사회적 능력은 크게 두 가지로 나누어 볼 수 있다. 하나는 과학자의 사회적 책임 문제이고, 다른 하나는 시민 사회의 역할이다.

윈스턴 처칠은 1945년, 무자비한 신무기의 사용을 반대하는 과학자들의 보고서를 거부하고 원자 폭탄으로 '역사적인 살인'을 실행한 주역 가운데 하나였다. 그런 처칠이 사상 최초로 원자 폭탄이 히로시마에 떨어지던 날에 이렇게 말했다.

"지금까지 오랫동안 자비스럽게도 인류의 손이 미치지 않는 곳에 있던 자연의 비밀이 폭로된 것은 사물을 이해하는 인간 전부의 마음과 양심에 엄숙한 바성을 일으키지 않으면 안 된다. 우리들은 이 무서운 힘이 여러 국가 간의 평화에 공헌하도록, 또 지구 전체에 헤아릴 수 없는 커다란 파괴를 가져오지 않고 무궁한 번영의 원천이 되도록 진심으로 빌지 않으면 안 된다."

이 말 속에는 과학 기술은 중립적인 것이며, 그것이 어떻게 쓰이느냐는 사람이 하기 나름이라는 생각이 깔려 있다. 마치 에드워드의 '가위손' 처럼 착한 사람을 만나면 좋은 도구로 쓰이고, 악한 사람을 만나면 흉기로 돌변하는 것이 과학이라는 것이다.

이렇게 본다면 과학자는 자신의 연구가 어떻게 쓰일지를 미리 고려할 책임이 없다. 그것은 순전히 그 연구 결과를 사용하는 사람에게 달려 있기 때문이다. 이런 모습은 조선 시대의 과학 기술자들을 떠올리게 한다. 그들은 양반 바로 아래 신분인 중인으로서 어느 정도 경제적 특권을 누리는 데 만족하면서 묵묵히 자신의 전문 분야에 파고들었다.

그러나 21세기의 과학자들은 인류의 장래를 좌우할 만큼 결정적인 역할을 하고 있으며, 과학자의 양심과 윤리는 그 어느 때보다도 중요해졌다. 이제 과학자는 연구와 개발에만 몰두하는 것을 넘어서서 과학과 관련된 사회적·윤리적 문제에 적극적으로 나서야 한다.

내 연구 결과가 사회에 어떤 영향을 미칠까? 우리 나라의 과학 정책이 기업의 이윤을 높이는 데만 치중한 나머지 국민의 복지는 외면하고 있는 것은 아닐까? 핵 발전소를 계속 건설하는 것이 과연 옳은 일일까? 새로 개발한 이 물질이 사람의 건강을 해칠 가능성은 없을까?

21세기의 과학자들은 이 같은 문제들을 폭넓게 고민하고 실천해 나가야 한다. 전문 지식을 바탕으로 과학 연구의 정확한 상황이나 숨겨진 진실을 알리고 사회 문제를 해결하는 데 적극적으로 참여하는 지식인이야말로 현대 사회가 요구하는 참과학자의 모습이다.

반핵 운동에 앞장선 공로로 노벨 평화상을 수상한 로트블랫 Josef Rotblat, 1908~2005 은 1999년에 '과학의 히포크라테스 선서' 를 제정하자고 제안했다. 그는 "이제 과학자들이 자신의 연구에 따른 윤리적 문제나 사회적 영향, 인간과 환경에 대한 영향 등에 본격적으로 관심을 가져야 한다."고 지적하면서 과학자들이 앞장

서서 윤리 강령을 만들자고 주장했다.

올바른 과학 발전을 이끄는 또 하나의 사회적 능력은 시민 사회의 역할이다. 21세기의 시민은 과학에 대한 기본적 이해와 가치 판단력을 반드시 갖추어야 하며, 과학이 인간적이고 환경 친화적인 방향으로 발전하도록 하는 사회 활동에 참여해야 한다. 이 같은 시민 사회의 노력이 꾸준히 이어질 때 과학은 밝고 환한 얼굴로 발전해 나갈 것이다.

부록

홍준의   김태일   최후남   고현덕

● 홍 준 의

글쓰기란 참 어렵다. 학생들을 가르치면서 가졌던 생각들, 연구와 집필을 통해 나름대로 생각했던 문제들을 막상 글로
표현하려니 손이 따라주질 않아 애태우기도 했다. 즐거움과 어려움이 교차한 4년이라는 시간 끝에 책이 세상의 빛을 보게
되었다. 함께 애쓰신 모든 분께 감사드린다.

jun0572@hanmail.net

● 최 후 남

물리·화학·생물·지구과학으로 나누어서 익힌 지식은 자연 현상과 생활을 통합적으로 이해하는 데 도움을 주지 못한다.
과학의 네 분야를 유기적으로 연계시켜 한눈에 이해할 수 있는 책을 만들기 위해 세 분의 선생님과 많은 땀을 흘렸다.
친구들아, 과학과 친해지는 데 이 책이 도움이 되었니?

silverhm@hanmail.net

● 고 현 덕

어린 시절, 밤하늘을 가로지르는 별똥별을 바라보며 내가 느꼈던 신비와 전율을 바쁘게 살아가는 학생들과 함께
나누었으면 좋겠다. 그들이 과학이 열어주는 거칠 것 없는 꿈의 세계를 한껏 맛보며 삶의 작은 여유를 누릴 수 있기를
간절히 기대해 본다.

odyssey2000@empal.com

● 김 태 일

이 책을 쓰기 시작한 것이 2002년이었든가, 2003년이었든가? 책을 쓰는 과정은 내 부족한 글발과 철학을 깨달아 가는
과정이었다. 하지만 몇 번의 방학을 반납하게 한 수많은 회의와 난상 토론, 많은 분들의 헌신적인 노력으로 세상에 나온
책이니만큼 뿌듯한 마음을 가져도 좋으리라.

field84@hanmail.net

● 편집후기 ●

● 편집 주간 한필훈 / 새로운 시도는 멋있다. 그 멋진 몸짓은 수많은 이들의 창조성과 땀과 눈물로 이루어진다. 책 만들기에 참여한 모든 분께 머리 숙여 감사드린다.

● 크리에이티브 디렉터 김영철 / 행복한 책 만들기. 그래서 모두가 행복해지길 바라며…….

● 편집장 정미영 / 호기심과 열정으로 시작한 과학 만들기는 쉽지 않았다. 과학과 씨름하는 동안 잘 자라준 두 아이와 사랑하는 남편에게 미안하고 고맙다.

● 편집장 이영란 / '막막한 어둠으로 별빛조차 없는 길일지라도…… 걸어걸어 가다보면 뜨겁게 날 위해 부서진 햇살을 보겠지'를 몇 번이나 흥얼거렸던가.

● 아트디렉터 황일선 / 가능성을 향해 도전하는 것은 정말 아름다운 일이다. 끝까지 변함없는 관심과 믿음을 지켜 주신 모든 스태프들과 사랑하는 아내에게 감사의 마음을 전하고 싶다.

● 책임 디자인 박주용 / 내가 아는 지식을 모두 끌어내어 작업을 했다. 내가 어릴 적, 어머니께서 과학을 좋아할 수 있도록 도와 주신 것처럼, 많은 학생들이 이 책을 통해 과학과 친해졌으면 좋겠다.

● 디자인 김지혜 / 이 책을 통해서 학생들이 한 발더, 좀더 깊이 자신에 꿈에 다가갈 수 있으면 좋겠다.

● 표지 디자인 윤현이 / 진정 '살아있는' 책을 만들기 위해 주경야경한 모든 이들에게 박수를…….

● 사진작가 양철모 / 아이들에게 좋은 것을 보여주기 위해 한몫했다는 것은 신나는 일이다. 노력하신 모든 분들께 감사하다.

● 일러스트레이터 박현정 / 과학이라는 소재로 information graphic의 진수를 보여 주고 싶어 열심히 했는데…… 분명 여러 사람의 열정이 그대로 담긴 대단한 책이 될 것이다.

● 일러스트레이터 이형수 / 2005년 여름부터 시작한 작업…… 해를 넘겨 당초 예상보다 긴 시간이 지났다. 아쉬움도 많지만 작업에 참여한 모든 분들과 따스한 봄을 맞이하고 싶다.

● 일러스트레이터 정민아 / 고등학교만 졸업하면 과학과 마주치게 되는 일은 없으리라 생각했다. 하지만 일러스트 작업을 하면서 과학과 뒤늦은 화해를 한 것 같다.

● 일러스트레이터 허현경 / 어렵다고 느꼈던 과학이 내게 슬금슬금 다가와 말을 걸어 그림을 그리는 내내 즐거웠다.

● 일러스트 이경훈 / 딱딱하지 않으면서도 정확하게 정보를 전달할 수 있는 그림을 그리고자 고민하고 많은 노력을 기울였다. 만족스러운 결과에 보람과 뿌듯함을 느낀다.

● 일러스트레이터 오한기 / 정말 살아있는 과학을 표현할 수 있을까? 어떻게 그려야 살아있는 느낌을 줄 수 있을까? 이번 작업이 살아 있는 그림을 그릴 수 있는 밑거름이 되리라 믿는다.

● 전자현미경사진 Ph.D 윤철종 / 생명과학 분야에서도 인체는 신비함 그 자체이다. 흑백으로 보이는 전자현미경을 통해 그 신비함을 마주하는 것 또한 즐거운 모험임을…….

● 자 료 제 공 및 출 처 ●

그림

25 소리의 전달_박현정 / **27** 번개가 친 곳까지의 거리_박현정 / **29** 마하 원뿔_박현정 / **31** 진동_박현정 / 북 가죽의 진동_박현정 / **32** 진동수와 소리의 높이_박현정 / **34-35** 소리의 세기와 소음_오한기 / **37** 귀의 구조_EpS 이형수 / 고막에서의 기압의 작용_박현정 / **38** 달팽이관_정민아 / **39** 코르티 기관_정민아 / **41** 성대_정민아 / **44** 메아리_박현정 / **46** 파동의 회절_박현정 / **47** 소리의 굴절_박현정 / **48** 음파의 간섭_박현정 / 스피커로 보는 음파의 간섭_박현정 / **50** 머리로 소리를 듣는다_허현경 / **53** 포노그래프의 구조_EpS 이형수 / **56** 물체를 보는 과정_박현정 / **58** 정반사, 난반사 김지혜 / **59** 물을 부었을때 컵 속의 동전이 보이는 원리_박현정 / **60** 빛의 굴절_박현정 / **61** 광섬유의 원리_EpS 이형수 / **63** 빛의 3원색_EpS 이형수 / **64** 프리즘에 의한 빛의 분산_EpS 이형수 / **65** 빛의 파장에 따른 분류_박현정 / **66** 전자기파_박현정 / **69** 눈의 구조와 시각의 성립_정민아 / **70** 망막의 구조_박현정 / **71** 홍채의 조절작용_박현정 / **72** 근시와 원시의 교정_정민아 / **75** 물체가 가열될 때 나타내는 색_박현정 / **76** 전자의 위치 이동_EpS 이형수 / **77** 불꽃 놀이의 비밀_EpS 이형수 / **79** 옥신과 굴광성_박현정 / **81** 반디의 발광_박현정 / **82-85** 착시현상으로 생긴 일들_김지혜 / **86-87** 투명인간은 왜 불가능할까?_허현경 / **90** 대기권_EpS 이형수 / **91** 공기를 구성하는 기체의 부피비_박현정 / **92** 대기권과 층별 특징_EpS 이형수 / **93** 대기층별 공기의 밀도_박현정 / **94** 파란하늘과 노을의 원리_박현정 / **95** 오로라의 원리_박현정 / **96** 기압의 크기 이경훈 / **97** 수은의 기압에 따른 변화_박현정 / **98, 99** 고기압과 저기압의 형성_박현정 / **99** 해륙풍의 원리_박현정 / **100** 포화 수증기량 곡선_박현정 / **102** 구름의 종류와 분포_오한기 / **104** 강수현상_박현정 / **106-107** 지구는 거대한 수력 발전소_오한기 / **109** 세계의 기후_박현정 / **110** 캥거루쥐_이경훈 / **112** 세계의 환경_이진욱 / **116** 생활지수_허현경 / **117** 일기도_박현정, 김지혜 / **119** 이상기후의 주범 지구 온난화_차덕준 / 지구 온난화 그래프_박현정 / **120-121** 진공청소기 내부는 정말 진공일까? 진공청소기_EpS 이형수, 먼지_허현경 / **124** 어린아이와 어른의 두개골_정민아 / **126** 남성의 생식기관_박현정 / 남성의 생식기관 전체_정민아 / **127** 여성의 생식기관_박현정 / 여성의 생식기관 전체_정민아 / **128** 정자_박현정 / **129** 난자_EpS 이형수 / **130** 기형 정자_김지혜 / **131** 난자의 배란과 수정과 착상_정민아 / **132** 수정 후의 세포분열_정민아 / **135** 쌍둥이인 경우의 태반 형성_정민아 / **136-137** 태아의 형성_정민아 / **138** 9개월째의 태아_정민아 / **139** 태반_정민아 / **140** 유전 허현경 / **141** 완두콩의 유전법칙_정민아 / **142** 멘델의 완두콩 실험_정민아 / **143** 완두콩의 교배_정민아 / **145** DNA 이중 나선구조_박현정 / **146** 화석의 생성_정민아 / **147** 화석의 단층_이경훈 / **148-149** 지구의 역사_이경훈 / **150-151** 지구의 역사_이경훈 / **150** 생명진화도_박현정 /

사 진 제 공

살아있는 과학 교과서 2권

과학과 우리의 삶

1판 1쇄 발행일 2006년 3월 20일
2판 1쇄 발행일 2011년 6월 20일
2판 4쇄 발행일 2021년 5월 24일

지은이 홍준의 최후남 고현덕 김태일

발행인 김학원
발행처 (주)휴머니스트출판그룹
출판등록 제313-2007-000007호(2007년 1월 5일)
주소 (03991) 서울시 마포구 동교로23길 76(연남동)
전화 02-335-4422 **팩스** 02-334-3427
저자·독자 서비스 humanist@humanistbooks.com
홈페이지 www.humanistbooks.com
유튜브 youtube.com/user/humanistma **포스트** post.naver.com/hmcv
페이스북 facebook.com/hmcv2001 **인스타그램** @humanist_insta

편집주간 황서현 **편집** 최윤영 한필훈 정미영 이영란 김혜경 정은미 **크리에이티브 디렉터** AGI 김영철
아트 디렉터 황일선 **디자인** 박주용 김지혜 **아트워크** 최지섭 차덕준 **일러스트 디렉션** 곽영권
일러스트레이션 박현정 이형수 정민아 오한기 허현경 이경훈 **사진** 양철모(바라스튜디오)
표지디자인 김태형 **본문디자인** 박주용 김지혜 **사진 및 자료 제공** 동아사이언스 동아일보 연합뉴스
토픽 멀티비츠이미지 장미란 서성원 윤철종 황금부엉이 한국지질자원연구원(지질박물관)
PMC프로덕션 **용지** 화인페이퍼 **인쇄** 청아디앤피 **제본** 정민문화사

ⓒ 홍준의 최후남 고현덕 김태일 휴머니스트, 2006

ISBN 978-89-5862-092-1 43400